이해하기 쉬운

호텔외식경영

김진성 · 허 정 · 김진숙
김명희 · 이준열 · 조원영

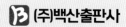
(주)백산출판사

PROLOGUE

프롤로그

빛의 속도로 발전한다는 말이 무색할 정도로 요즈음의 시대변화는 따라잡기 어려울 정도이다. 인간의 삶에 절대적으로 필요한 의식주(衣食住)는 인간의 필요에 의해 만들어지고 경험이 축적되어 인류와 함께 발전해 왔다. 아울러 그 형태나 품질은 변화하더라도 본질은 변화하지 않는 특징을 가지고 있다.

의식주(衣食住)는 인간의 삶에 있어 가장 기초적인 영역이다. 호텔과 외식은 역사를 통해 인간의 삶을 더욱 윤택하게 하는 문화로써 발전하여 오늘날에 이르렀다.

호텔과 외식문화는 기술의 발전과 교류의 역사를 통해 저마다의 특징을 가지고 지금도 진화하고 있는데, 그런 변화와 유행을 학문으로 정립하여 한 권의 책에 담고 책을 통해 본질을 이해하게 하는 것은 쉬운 일이 아니다. 왜냐하면 이 시간에도 이 분야의 변화는 진행형이기 때문이다.

이 책은 이런 변화와 유행을 단편적으로 이론화하거나 학문으로 제시하기보다는 개념의 정립과 이를 풀어내기 위한 예를 통해 호텔과 외식분야를 처음 접하는 학습자들이 보다 쉽게 이해할 수 있도록 구성하였다.

책에서는 우선 개념과 기원(origin)을 먼저 설명한다. 그 후 사회적 현상과 발전과정 그리고 현재의 모습을 가급적 최신의 정보로 기술하였으며 이에 대한 전망과 예측을 수록하여 케이스스터디로써 학습자들이 이해할 수 있도록 하였다.

아울러 각 Part의 마지막에는 연습문제를 수록하여 학습자들이 책의 내용을 재차 학습하는 데 도움이 되고자 하였으며, 능동적인 학습을 위해 워크북(work book)을 부록 형태로 삽입하였다.

이 책을 통해 학습자들이 역사를 이해하고 현주소와 미래를 상상하게 하는 모티브(motive)가 되었으면 하는 바람이다.

이 책의 집필을 위해 호텔과 외식 분야에서 다년간 경험이 축적된 전문가들의 의견을 물었으며 여러 대학의 교수님들이 학습을 위한 현실적 방향 제시로 호텔과 외식분야에 입문하는 학습자들을 위한 내용으로만 최종 정제하였다.

책의 출판을 위해 도움을 주신 진욱상 대표님과 편집을 위해 수고해 주신 백산출판사의 편집부 여러분께 깊은 감사의 말씀을 드린다.

저자 일동

CONTENTS

이해하기 쉬운 호텔외식경영

Part 1
관광산업

01 관광산업의 이해 _ 12
   1. 관광산업의 정의 _ 12
   2. 관광산업의 분류 _ 14

02 관광 · 호텔산업의 현황과 트렌드 _ 46
   1. 호텔산업 현황 _ 46
   2. 관광산업 현황 _ 69

   work book _ 79
   연습문제 _ 85

7

Part 2
외식산업

01 외식과 외식산업의 정의 _ 92

1. 외식의 정의 _ 92
2. 식(食)의 범위와 분류 _ 93

02 외식산업의 분류 _ 97

1. 한국표준산업분류 _ 98
2. 식품위생법에 의한 분류 _ 99
3. 관광진흥법에 의한 분류 _ 100
4. 해외 외식산업의 분류 _ 100

03 외식산업의 특징 _ 106

1. 인적 서비스 산업 _ 106
2. 독점기업이 지배하지 않는 기업 _ 107
3. 입지산업 _ 107
4. 유행과 기호에 민감한 사업 _ 108

04 외식산업의 현황과 전망 _ 110

1. 외식산업 현황 _ 110
2. 외식시장 전망 _ 117
3. 외식 트렌드 _ 119
4. 트렌드의 변화 _ 122
5. 외식 브랜드 _ 123

work book _ 161
연습문제 _ 167

Part 3
식품산업 현황

01 식품산업의 이해 _ 184
  1. 식품산업의 정의와 범위 _ 185
  2. 식품산업의 특징 _ 186
  3. 한국 식품산업의 문제점과
     발전 방향 _ 188

02 식품산업의 현황과 트렌드 _ 190
  1. 식품산업 규모 _ 190
  2. 식품산업 트렌드 _ 207

  work book _ 213
  연습문제 _ 218

Part 4
4차 산업혁명과 푸드테크

01 4차 산업혁명의 개념 _ 222

02 4차 산업혁명과 외식산업의 미래 _ 224

03 외식산업과 푸드테크 _ 226
  1. 주문배달 · 스마트 오더 _ 228
  2. 배달 앱 _ 229
  3. 무인 주문 시스템 키오스크 _ 230
  4. 스마트 키친 _ 231
  5. 푸드 로봇 _ 233
  6. 스마트팜 _ 237
  7. 뉴 푸드, 대체 먹거리 _ 238
  8. 스마트 패키징 _ 240
  9. 핀테크와 푸드테크, OTO, AI, SNS _ 244

04 외식의 미래 전망 _ 250
  1. 국내 트렌드 _ 251
  2. 새로운 트렌드의 예측과 전망 _ 251
  3. 경제적 전망 _ 252

  work book _ 255
  연습문제 _ 260

참고문헌 _ 263

PART 1
관광산업

학습목표

- 관광산업에 대한 정의(Definition)를 학습한다.
- 관광산업의 범위에 대해 학습한다.

01
관광산업의 이해

우리나라 호텔, 외식, 식품, 여행산업 등의 관광과 연계된 산업들은 우리나라의 산업분류상 관광산업에 속한다. 그렇기 때문에 호텔과 외식산업에 대해 논하기 위해서 우선 관광산업에 대해 이해하여야 하며 관광산업과 어떤 연관성을 가지고 있는지 이해하는 것이 중요하다. 왜냐하면 호텔이나 외식산업의 수요자 즉 소비자의 목적이 관광에서부터 출발하며 부대시설로써 호텔이나 레스토랑을 이용하는 경향이 높기 때문이다.

1. 관광산업의 정의

우리나라의 관광산업은 지속적인 발전과 다양성, 최근 한류의 영향 등으로 인해 전 세계에서 가장 크고 빠르게 성장하는 경제부문의 하나로 각광받고 있다. 또한 경제 활성화 전략으로 굴뚝 없는 산업이라 불리며 주목하고 있다. 내수경제 활성화를 이끌어 내기 위해 과거 정부부터 현재까지 관광산업은 지속적으로 중요시되고 있어 관광과 숙박산업의 양적, 질적 확충은 관광산업 발전을 위한 주요 과제이다.

관광이란 즐거움을 목적으로 일상 생활권을 일시적으로 떠나는 활동(상주목적이거나 영리추구 목적은 제외)으로 낯선 지역의 풍경·풍습·문물 등을 보거나 체험해보는 것을 일컫는다.

세계관광기구(世界觀光機構, World Tourism Organization, UNWTO)에서는 개인 또는 사업과 전문적인 목적을 위해 일상적인 환경을 벗어난 국가 또는 장소로 사람들을 이동시키는 사회적, 문화적, 경제적 현상이라 정의하였다. 여기서 사람들이란 Vistors(관광객 또는 여행자, 거주자 또는 비거주자일 수 있음)를 의미하고 관광은 관광 활동과 연관되며 일부는 관광 지출을 포함하는 활동으로 정의하고 있다.

관광업(Tourism) 또는 관광산업(Tourist industry)이란 관광객에 대한 재화와 서비스의 제공을 영업기반으로 하는 산업을 말하며 관광산업은 각종 관련 산업과의 광범위한 합성을 핵심으로 하는 복합산업이며 독립적 산업 부문은 아니다. 예를 들어 관광을 위해 관광지를 방문한다면 관광을 원활히 즐기기 위한 편의시설들이 있어야 하는데 이런 편의시설들이 관련 사업이 되며 숙박업이나 음식업이 대표적인 관련 사업이다.

출처: 공저자 촬영 제공

해변 레스토랑(필리핀)

2. 관광산업의 분류

관광의 현대적 의의는 관광을 경제의 일환으로서 경제적 결합도를 기준으로 생각하는 것이다. 즉 현대적 의미의 관광은 단순한 자연관상(Sightseeing)이 아니라 인간 생활의 어떤 목적을 위하여 사회적 · 경제적 관련을 가지고 능동적으로 움직이는 의욕을 내포한다. 따라서 관광업은 관광 왕래와의 경제적 결합도를 기준으로 하여 그 기능별로 다음과 같은 것들이 있다.

관광진흥법 제3조, 관광진흥법시행령 제2조에 의한 관광사업 분류에 의하면 관광사업체 분류체계는 여행업, 관광숙박업, 관광객이용시설업, 국제회의업, 카지노업, 유원시설업, 관광편의시설업 및 열거한 7가지의 관광사업 외에 관광 진흥에 이바지할 수 있다고 인정되는 사업이나 시설을 운영하는 업을 말한다.

1) 관광숙박업

관광숙박업은 관광객을 대상으로 숙박 · 취사에 적합한 시설을 제공하고 이에 따르는 식음료,운동, 오락, 휴양, 공연 또는 연수에 적합한 시설을 함께 갖추어 이용할 수 있도록 하는 사업이다.

호텔업과 휴양 콘도미니엄업으로 구분되며, 호텔을 비롯하여 모텔, 유스호스텔, 콘도미니엄 등을 운영한다. 이를 통틀어 관광숙박업이라 한다.

관광숙박업 세부 업종 및 정의

세부 업종	정 의
호텔업	관광객의 숙박에 적합한 시설을 갖추어 이를 관광객에게 제공하거나 숙박에 딸리는 음식 · 운동 · 오락 · 휴양 · 공연 또는 연수에 적합한 시설 등을 함께 갖추어 이를 이용하게 하는 업
관광 호텔업	관광객의 숙박에 적합한 시설을 갖추어 관광객에게 이용하게 하고 숙박에 딸린 음식 · 운동 · 오락 · 휴양 · 공연 또는 연수에 적합한 시설 등을 함께 갖추어 관광객에게 이용하게 하는 업
수상관광 호텔업	수상에 구조물 또는 선박을 고정하거나 매어 놓고 관광객의 숙박에 적합한 시설을 갖추거나 부대 시설을 함께 갖추어 관광객에게 이용하게 하는 업

한국전통 호텔업	한국전통의 건축물에 관광객의 숙박에 적합한 시설을 갖추거나 부대시설을 함께 갖추어 관광객에게 이용하게 하는 업
가족 호텔업	가족단위 관광객의 숙박에 적합한 시설 및 취사도구를 갖추어 관광객에게 이용하게 하거나 숙박에 딸린 음식·운동·오락·휴양·공연 또는 연수에 적합한 시설을 함께 갖추어 관광객에게 이용하게 하는 업
호스텔업	배낭여행객 등 개별 관광객의 숙박에 적합한 시설로서 샤워장, 취사장 등의 편의시설과 외국인 및 내국인 관광객을 위한 문화·정보 교류시설 등을 함께 갖추어 이용하게 하는 업
소형호텔업	관광객의 숙박에 적합한 시설을 소규모로 갖추고 숙박에 딸린 음식·운동·휴양 또는 연수에 적합한 시설을 함께 갖추어 관광객에게 이용하게 하는 업
의료관광 호텔업	의료관광객의 숙박에 적합한 시설 및 취사도구를 갖추거나 숙박에 딸린 음식·운동 또는 휴양에 적합한 시설을 함께 갖추어 주로 외국인 관광객에게 이용하게 하는 업
휴양콘도미니엄업	관광객의 숙박과 취사에 적합한 시설을 갖추어 이를 그 시설의 회원이나 공유자, 그 밖의 관광객에게 제공하거나 숙박에 딸리는 음식·운동·오락·휴양·공연 또는 연수에 적합한 시설 등을 함께 갖추어 이를 이용하게 하는 업

2) 호텔업

(1) 호텔의 어원과 개념

앞에서 설명한 관광산업과 더불어 호텔산업은 밀접한 관계를 가지고 발달하여 왔다. 인간에게 의식주는 삶을 영위하기 위해 필수적인 요소이기 때문에 여행 중에도 의식주의 문제는 중요한 요소이며 관광 중 독특한 분위기를 제공하는 체류공간은 관광경험을 향상시켜 주며 좋은 경험을 제공한다.

호텔의 어원은 라틴어의 Hospitalis('환대'를 뜻함)이며 중성어인 '순례자, 참배자, 나그네를 위한 숙소'를 뜻하는 Hospital에서 출발하여 호텔(hôtel, 병원의 어원인 hospital과 같은 어원에서 유래)이란 말로 자리 잡았다.

호텔의 개념에 대해 우리나라에서는 관광진흥법 제3조 제2항에 "관광객의 숙박에 적합한 시설을 갖추어 관광객에게 제공하거나 숙박에 부수되는 음식, 운동, 오락, 휴양, 공연 또는 연수에 적합한 시설 등을 함께 갖추어 이를 이용하게 하는 업"이라고 규정하고 있다.

Nishiyama Onsen Keiunkan

　현존하는 세계에서 가장 오래된 호텔은 서기 705년 후지와하 마히토(Fujiwara Mahito)에 의해 설립된 Nishiyama Onsen Keiunkan(西山温泉慶雲館)이며 두 번째로 오래된 호텔도 일본에 있다. 2011년에 이 호텔은 기네스북에 세계에서 가장 오래된 호텔로 기록되었다.

　현대 호텔의 전신은 중세 유럽의 여관이었다. 17세기 중반부터 약 200년 동안 여관은 마차 여행자의 숙박 장소였으며 숙박 및 병원, 식당 등 여러 가지 기능을 제공하여 왔다. 여관은 18세기 중반부터 부유한 고객을 수용하기 위해 변화하기 시작했으며. 1768년 엑서터(Exeter : 잉글랜드 남서부 Devon에 있는 도시)에는 근대적 감각의 최초의 호텔이 문을 열었다. 19세기 초에 서유럽과 북미 전역에 호텔이 급증했고, 19세기 후반에 고급 호텔이 생겨나기 시작했다.

출처 : 공저자 촬영 제공

일본 료칸 조식

출처 : 공저자 촬영 제공

일본 신주쿠 하얏트 호텔 일식 조식

(2) 우리나라 호텔산업의 개념

통계청의 한국표준산업분류에서는 "룸 서비스, 데스크 서비스, 개별봉사 서비스, 라운지 설비, 연회, 집회 설비 등의 관련 서비스를 종합적으로 제공하는 숙박시설을 운영하는 산업활동을 말한다."라고 정의하고 있다. 즉 한국의 호텔산업은 객실과 그 외의 시설로 운영되는 사업총체를 의미한다고 이야기할 수 있다.

호텔 부대시설 - 웨딩

웨딩 및 연회 테이블 샘플

호텔 Bar

호텔 객실

관광지 호텔 객실

(3) 미국 호텔산업의 개념

미국에서는 호텔산업을 환대산업(hospitality industry)의 한 가지로 보는 경향이 크다. 이는 환대산업의 개념이 숙박, 음식 및 음료 서비스, 이벤트 기획, 테마파크, 여행 및 관광을 포함하는 서비스 산업 내의 광범위한 분야이기 때문이다.

케임브리지 비즈니스 영어사전에 따르면 환대산업은 호텔과 식품 서비스로 구성되며[1] NAICS코드(North American Industry Classification System : 북미산업분류시스템)72, 숙박 및 식품 서비스에 해당된다.

2020년에 미국 노동표준산업분류(SIC : United States Department of Labor Standard Industrial Classification)는 접객 산업을 보다 광범위하게 정의하고 있다.

(4) 기타 국가들의 분류체계

기타 국가들의 분류체계는 우리나라보다는 덜 복잡하며 산업의 특색에 맞게 분류된 것으로 보인다. 아래 표는 각국의 호텔산업의 분류체계이다.

국가	관광숙박업법령	업종구분	법체적 특성	기타 인허가 등
일본	여관업법	여관호텔영업 간이숙소영업 하숙영업	숙박사업에 특화된 단일법률	지방자치단체장 허가제
	주택숙박산업법	주택숙박사업자 주택숙박관리업 주택숙박중개업	여관업법에서 규정하지 않은 신규숙박사업 포함	지방자치단체장 신고제 국토 교통대신 등록제 관광청장관 등록제
대만	관광발전조례	관광여관업(국제/일반) 여관업 민박업	우리나라 관광진흥법에 해당하는 관광발전조례를 통해 규율하고 있으나 분류체계가 단순함	관광여관업은 관할 중앙행정기관 승인 및 등록 여관업은 관할 지방행정기관에 등록

---

1) "Hospitality industry", Cambridge Business English Dictionary, Retrieved 19 March 2020.

프랑스	관광법전	호텔	관광숙박시설의 용도와 특성에	주거의 일부공간을 관광객
		관광레지던스	따라 유형을 다양화하고 있어 우	에게 유료로 임대하는 민박
		재활성화관광숙박시설	리나라와 유사함	업을 관광숙박업의 일종으
		관광레지던스빌라쥬		로 포함하고 있음
		세대임대		
		민박		
		바캉스빌라쥬		
		바캉스패밀리하우스		
		산악쉼터		

출처 : 호텔앤레스토랑, 2021.2

　　외국의 분류체계는 단순하고 효율적인 운영이 가능하도록 포괄적인 형태를 띠는 것이 특징이다. 표에서 제시한 일본, 대만, 프랑스의 분류체계는 단순하며 새로운 형태의 숙박업이 등장해도 기본 분류체계의 편입이 용이하다.

관광법령에 의한 호텔산업의 분류

관광법령에 의한 분류		명칭	
문화체육관광부(관광진흥법)	관광숙박업	호텔업	관광호텔업
			수상관광호텔업
			가족호텔업
			한국전통호텔업
			호스텔업
			소형호텔업
			의료관광호텔업
		휴양콘도미니엄	
보건복지부(공중위생관리법)	관광객이용시설업	외국인관광 도시민박업	
		야영장업	
농축산식품부(농어촌 정비법)	농어촌 민박사업		
여성가족부(청소년활동진흥법)	유스호스텔		
	청소년 야영장업		
산림청(산림문화휴양에 관한 법률)	자연휴양림 내 숙박시설(숲속의 집, 산림휴양관 등)		
제주자치도(제주특별법)	휴양펜션업		

출처 : 호텔앤레스토랑, 2021.2

(5) 관계법령에 의한 분류

　호텔산업의 분류를 우리나라에서는 관계법령에 의한 분류로 해당 법처의 기준을 가지고 분류하고 있어 아래와 같이 다양한 분류기준을 가지고 있다. 아래는 호텔산업의 분류를 숙박업에서 포함시켜 해당 법령을 근거로 호텔업 즉 숙박업 운영의 법적 기준을 가지고 분류하였다.

(6) 관광진흥법에 의한 분류

　관광진흥법시행령 제2조(관광사업의 종류) 2항(호텔업의 종류)에 따르면 호텔산업을 아래와 같이 분류하였다.

① 관광호텔업 : 관광객의 숙박에 적합한 시설을 갖추어 관광객에게 이용하게 하고 숙박에 딸린 음식 · 운동 · 오락 · 휴양 · 공연 또는 연수에 적합한 시설 등(이하 "부대시설"이라 한다)을 함께 갖추어 관광객에게 이용하게 하는 업(業)

② 수상관광호텔업 : 수상에 구조물 또는 선박을 고정하거나 매어 놓고 관광객의 숙박에 적합한 시설을 갖추거나 부대시설을 함께 갖추어 관광객에게 이용하게 하는 업

③ 한국전통호텔업 : 한국전통의 건축물에 관광객의 숙박에 적합한 시설을 갖추거나 부대시설을 함께 갖추어 관광객에게 이용하게 하는 업

④ 가족호텔업 : 가족단위 관광객의 숙박에 적합한 시설 및 취사도구를 갖추어 관광객에게 이용하게 하거나 숙박에 딸린 음식 · 운동 · 휴양 또는 연수에 적합한 시설을 함께 갖추어 관광객에게 이용하게 하는 업

⑤ 호스텔업 : 배낭여행객 등 개별 관광객의 숙박에 적합한 시설로서 샤워장, 취사장 등의 편의시설과 외국인 및 내국인 관광객을 위한 문화 · 정보 교류시설 등을 함께 갖추어 이용하게 하는 업

⑥ 소형호텔업 : 관광객의 숙박에 적합한 시설을 소규모로 갖추고 숙박에 딸린 음식 · 운동 · 휴양 또는 연수에 적합한 시설을 함께 갖추어 관광객에게 이용하게 하는 업

⑦ 의료관광호텔업 : 의료관광객의 숙박에 적합한 시설 및 취사도구를 갖추거나 숙박에 딸린 음식·운동 또는 휴양에 적합한 시설을 함께 갖추어 주로 외국인 관광객에게 이용하게 하는 업

즉, 관광진흥을 위한 사업의 분류를 여행업, 호텔업, 관광객 이용시설업, 국제회의업, 유원시설업(遊園施設業), 관광편의시설업으로 분류한 가운데 호텔업을 편입시켰다.

(7) 그 밖의 법령에 의한 분류

공중위생관리법에 따른 분류는 공중위생관리법 제2조(정의) 1~2항에 따르면 "공중위생영업이라 함은 다수인을 대상으로 위생관리서비스를 제공하는 영업으로서 숙박업·목욕장업·이용업·미용업·세탁업·건물위생관리업"을 말하는 것이며 이중 "숙박업"이라 함은 손님이 잠을 자고 머물 수 있도록 시설 및 설비등의 서비스를 제공하는 영업을 말한다. 다만, 농어촌에 소재하는 민박 등 대통령령이 정하는 경우를 제외한다고 했다. 즉, 공중위생법에서는 호텔업을 잠을 자거나 머무르는 고유의 목적과 이에 수반되는 시설 및 설비서비스로 기본적인 기능을 제공하는 시설로 정의하였다.

농어촌정비법에 따른 분류는 농어촌정비법 제6장(농어촌 관광휴양자원 개발과 한계농지등의 정비), 제1절(농어촌 관광휴양자원 개발)에 따라 농어촌지역과 준농어촌지역의 자연경관을 보존하고 농어촌의 소득을 늘리기 위하여 시행령을 마련하여 숙박시설에 대한 기준을 세웠다.

청소년활동진흥법에 따른 분류는 청소년활동진흥법 2조 7항에서 "숙박형 청소년수련활동이란 19세 미만의 청소년(19세가 되는 해의 1월 1일을 맞이한 사람은 제외한다. 이하 같다)을 대상으로 청소년이 자신의 주거지에서 떠나 제10조제1호의 청소년수련시설 또는 그 외의 다른 장소에서 숙박·야영하거나 제10조제1호의 청소년수련시설 또는 그 외의 다른 장소로 이동하면서 숙박·야영하는 청소년수련활동을 말한다"고 정의하였으며 이에 따른 수련시설의 분류를 제3장 10조에서 청소년수련관, 청소년수

련원, 청소년문화의 집, 청소년특화시설, 청소년야영장, 유스호스텔 등으로 나누었다.

산림휴양법 시행령에 의한 숙박업의 기준은 제4장(자연휴양림 및 산림욕장의 조성 등) 제7조(자연휴양림시설의 종류·기준 등)에서 산림욕장·야영장·야외탁자·전망대·야외공연장·대피소·방문자안내소·숲속의집·산림문화휴양관·임산물판매장 및 매점과 「식품위생법」에 따른 휴게음식점 및 일반음식점 등 편익 시설 등의 시설 분류 내 숲속의집·산림문화휴양관을 집어넣었다.

제주특별자치도 관광진흥 조례에서는 제2장(관광사업의 특례), 제1절 통칙 제3조(관광사업의 종류) 2항(관광숙박업)에서 호텔업을 다음과 같이 분류하였다.

① 관광호텔업 : 관광객의 숙박에 적합한 시설을 갖추어 관광객에게 이용하게 하고 숙박에 딸린 음식·운동·오락·휴양·공연·회의 또는 연수에 적합한 시설 등 (이하 "부대시설"이라 한다)을 함께 갖추어 관광객에게 이용하게 하는 업

② 수상관광호텔업 : 수상에 구조물 또는 선박을 고정하거나 매어 놓고 관광객의 숙박에 적합한 시설을 갖추거나 부대시설을 함께 갖추어 관광객에게 이용하게 하는 업

③ 한국전통호텔업 : 한국전통의 건축물에 관광객의 숙박에 적합한 시설을 갖추거나 부대시설을 함께 갖추어 관광객에게 이용하게 하는 업

④ 가족호텔업 : 가족단위 관광객의 숙박에 적합한 시설 및 취사도구를 갖추어 관광객에게 이용하게 하거나 숙박에 딸린 음식·운동·휴양 또는 연수에 적합한 시설을 함께 갖추어 관광객에게 이용하게 하는 업

⑤ 호스텔업 : 배낭여행객 등 개별 관광객의 숙박에 적합한 시설로서 샤워장, 취사장 등의 편의시설과 외국인 및 내국인 관광객을 위한 문화·정보 교류시설 등을 함께 갖추어 이용하게 하는 업

⑥ 소형호텔업 : 관광객의 숙박에 적합한 시설을 소규모로 갖추고 숙박에 딸린 음식·운동·휴양 또는 연수에 적합한 시설을 함께 갖추어 관광객에게 이용하게 하는 업

⑦ 의료관광호텔업 : 의료관광객의 숙박에 적합한 시설 및 취사도구를 갖추거나 숙박에 딸린 음식·운동 또는 휴양에 적합한 시설을 함께 갖추어 주로 외국인 관광

객에게 이용하게 하는 업

⑧ 휴양 콘도미니엄업 : 관광객의 숙박과 취사에 적합한 시설을 갖추어 이를 그 시설의 회원이나 공유자, 그 밖의 관광객에게 제공하거나 숙박에 딸리는 음식·운동·오락·휴양·공연·회의 또는 연수에 적합한 시설 등을 함께 갖추어 이를 이용하게 하는 업

우리나라 호텔산업의 분류체계는 법령을 기초로 분류하여 수요자들의 해석이 어렵고 업종의 특성과 현황을 반영하기 어려운 부분이 있으며 숙박시설의 변화(공유숙박, OTA[2])가 있으며 중복되는 법령과 시행방침에 대한 기준의 정비가 필요한 것으로 보인다.

3) 국내 호텔의 역사

근대숙박시설의 발전은 다음의 도표에서 보이는 바와 같이 일제치하에서 개항 후 철도의 발달로 철도역 근처에 숙박시설이 들어서며 고급화되고 전후 안정기에 들어서며 공사주도의 발전이 있었다. 1970년대 들어서는 호텔의 국제화, 체인화로 외국브랜드들이 국내에 진입했고, 국내 대기업이 호텔산업에 들어서며 발전하기 시작했고 국제적인 행사들을 통한 질적 양적 성장이 있었다. 우리나라는 현재 자국 브랜드를 해외에 역수출하는 등 활발한 성장세를 보이고 있다.

---

2) OTA, 온라인 여행사 : Online Travel Agency의 약자로, 온라인으로 숙박, 렌터카, 티켓 등을 예약하는 회사 혹은 웹사이트로 Expedia, Agoda, Booking.com 등의 대표사이트가 있다.

개항	철도의 발달과 철도호텔의 성업	공사주도의 발전	호텔의 국제화, 체인화
• 외국인들의 유입 증가로 항구를 중심으로 숙박업 발달 • 1888년 일본인에 의해 인천 대불호텔이 세워지며 서양식을 제공함 • 1902년 러시아인에 의해 손탁호텔이 세워지며 서양식 식당, 연회장, 객실 등을 비치하고 프랑스요리를 제공함	• 1899년 경인철 개통 후 철도역 주변으로 숙박시설 발달. 철도회사가 호텔산업에 참여 • 총독부의 철도국 주관, 경성철도 호텔인 조선호텔 설립, 호텔 경영 역사의 선도적 역할을 함 • 외국인에 의해 유럽식 고급 도심상업호텔인 조선호텔, 미국식 운영체계를 도입한 반도호텔 등이 설립	• 1962년 국제관광공사 발족 국가 보유 호텔 경영 착수 • 1965년 관광호텔육성자금과 조세감면정책으로 전국에 호텔 신축 시작 • 1970~80년대 경주 보문단지, 제주 중문단지 개발	• 1970년 중반 이후 세계적인 체인호텔의 진입, 국내 대기업의 호텔산업 진출로 호텔의 대형화 및 고급화 • 1988년 서울올림픽, 2002년 FIA월드컵 등을 계기로 양적, 질적 성장 • 순수 국내 호텔 브랜드의 해외진출 등으로 더욱 활발한 성장세

(1) 국내호텔산업의 규모와 특징

국내호텔산업의 규모는 2012년 기준으로 문화체육관광부 관광지식정보시스템에 등록된 호텔업체 수가 총 566개, 객실 수가 총 66,017개이며 관광호텔이 전체 등록 업체 중 업체 수의 92.8%, 객실 수의 93%로 호텔산업의 대부분을 차지하고 있다. 국내 호텔산업의 특징은 다음과 같다.

◉ 고급화

우리나라 호텔산업은 고급호텔 중심의 규모 확대 및 새로운 형태의 호텔이 성장하고 있으며 개별호텔의 규모가 점차 대형화되고 있다. 1등급 이상의 고급호텔이 전체 업체 수의 50.9%, 전체 객실 수의 72.3%를 차지하여 고급호텔 중심의 산업구조를 보이고 있으며, 아울러 국내 호텔 이용객 수의 증가 및 평균이용금액의 증가로 시장규모는 지속적으로 확대되고 있는데 특급호텔의 업체 수·객실 수의 증가는 매출액을 증가시키는 주요인이 되고 있다.

⊙ 대형화

특급호텔 위주로 호텔 규모가 대형화됨에 따라 특급 호텔의 객실 수가 전체 호텔산업에서 차지하는 비중이 증가하는 추세이며 하위 등급일수록 소규모로 운영되어 호텔산업에서 특급호텔의 비중이 점차 확대되고 있다.

2010년 기준 국내 호텔산업의 매출 중 특1등급 호텔이 55.6%, 특2등급 호텔이 17.3%로 특급호텔이 국내 호텔시장 전체매출의 72.9%를 차지하였다.

⊙ 수도권 · 대도시 및 관광지 중심의 발전

2010년 기준 서울지역 등록 업체 수는 116개로 전체의 20.5%를 차지함[경기 74개 (13.1%), 제주 57개(10.1%), 부산 44개(7.8%), 인천 40개(7.1%)순]. 대도시와 관광지는 대규모 호텔이 발달하였으며 수도권은 상대적으로 소규모 호텔이 발달하였다.

1등급 이상의 특급호텔은 서울 · 부산 등의 대도시와 제주 · 강원 · 경북 등의 관광지에 분포되어 있으며, 2 · 3등급 규모의 중저가 호텔은 인천 · 경기 등의 수도권에 위치하고 있다. 2010년 매출규모 면에서 서울의 호텔산업이 국내 호텔산업의 과반수를 차지하고 있다.(서울 54%, 제주 10.6%, 부산 7.4%)

⊙ 내국인 이용객의 증가

2010년 기준 문화체육관광부 지식정보시스템에 등록된 이용자 수는 총 20,747,073명으로 전년대비 9.4% 증가하였으며 전체 이용자 중 외국인은 8,746,162명(42.2%), 내국인은 12,000,911명(57.8%)으로 내국인 이용자가 다수를 차지하고 있다. 해외를 방문하는 관광객 수도 아직까지는 외국인보다 내국인이 많은 실정이다. 코로나사태로 관광객 수가 줄었음에도 내국인 관광객의 이용률은 외국인보다 높다.

출처 : 관광정보지식시스템

2021 해외관광객 수와 방한외래관광객 수 비교

이로 인해 국내 호텔의 공급은 부족한 실정이며 특히 해외여행객 및 국내여행객이 집중되는 서울 및 수도권 지역의 호텔이 특히 부족한 실정이다.

◉ 의료관광 목적의 호텔이용 증가

관광목적의 새로운 트렌드로서 의료관광이 국내에서 활성화되고 있으며 휴양, 관광, 치료가 복합된 형태의 의료관광이 발전하면서 호텔이용이 증가하고 있다.

2009년 의료법 개정과 함께 시작된 우리나라의 의료관광은 2016년 의료해외진출 및 외국인 환자 유치 지원에 관한 법률(이하 해외진출법) 제정을 통해 양적·질적으로 급격한 성장을 지속해 왔다. 우리나라는 2009년 외국인 환자 유치 허용 이후 실환자 기준 환자 수는 2009년 60,201명에서 2018년 378,967명으로 연평균 22.7%의 증가율을 보였고 유치국가도 139개국에서 190개국으로 확장하였다.

이런 증가추세와 더불어 숙박시설의 수요증가와 치료와 휴양을 겸할 수 있는 시설에 대한 필요성 때문에 의료시설과 호텔의 복합형태인 메디텔(meditel)이 등장하였다.

국내 주요 호텔의 메디텔(meditel)

호텔	지역	시설	진료과목
리츠칼튼	강남구 역삼동	포썸프레스티지	내과, 피부과, 성형외과, 건강검진 등
그랜드인터컨티넨탈	강남구 삼성동	그랜드미 여성의원	산부인과
		그랜드미 성형외과	성형외과, 피부과
		인터케어 건강검진센터	건강검진
		삼성스타28 치과의원	치과
인터컨티넨탈 서울 코엑스	강남구 삼성동	에이지 클리닉	노화방지
임페리얼 팰리스	강남구 논현동	임페리얼팰리스 치과	치과
		임페리얼팰리스 피부과	피부과
롯데호텔월드	송파구 잠실동	김상태 성형외과	성형외과
		석플란트 치과	치과
		한의원 '봄'	한의원
신라호텔	중구 장충동	라 끄리닉 드 파리	노화예방 등
플라자호텔	중구 소공로	플라자스파클럽	메디컬 트리트먼트 등
롯데시티호텔	마포구 공덕동	서울 라헬 여성의원	불임클리닉

출처 : 문화체육관광부

국내 호텔산업은 성장하고 있지만 국제관광 경쟁력은 여전히 낮은 수준이라고 할 수 있다. 아울러 코로나사태가 장기화됨에 따라 국내 호텔산업은 큰 위기에 봉착해 있다.

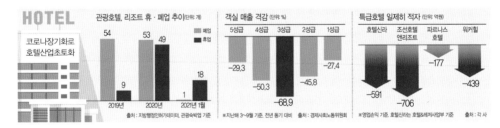

코로나사태 이후 호텔산업 변화

행정안전부의 지방행정 인허가 데이터분석에 따르면 2021년 3월 기준 휴·폐업 수는 78개로 이 중 26곳이 2021년에 문을 닫았다. 그럼에도 대기업에서는 호텔을 관광사업을 위한 고부가가치의 미래 핵심사업으로 인식하며 투자하고 있다. 아울러 특급호텔들은 고급 레스토랑과 부대시설을 이용한 상품을 개발하여 내방객을 유치하려는 노력을 기울이고 있다.

호텔산업이 환경에 적응하기 위한 사례로 고객의 수요에 맞는 상품개발에 있어 다양화되고 세분화되기 시작했다. 내국인 장기 투숙객을 유치하는 '호텔 한달 살기', 자가격리시설로써 '임시생활시설', 재택근무 증가로 인해 객실을 사무실로 만들어 판매하는 호텔도 있으며, 산후조리원 등 소비자의 니즈(needs)에 대한 발 빠른 움직임과 전략으로 호텔산업의 기능이 다각화되고 있다.

2021 세계 호텔 브랜드 랭킹

2021	2020	로고	이름	나라	2021	2020	2021	2020
1 =	1		힐튼		$7,610M	$10,833M	AAA-	AAA-
2 ∧	3		하얏트		$4,695M	$4,532M	AA+	AA
3 ∧	4		홀리데이 인		$3,776M	$4,496M	AAA-	AAA-
4 ∧	5		햄프턴 인		$2,863M	$3,871M	AAA-	AAA-
5 ∨	2	Marriott	메리어트		$2,408M	$6,028M	AAA-	AA+
6 =	6		샹그릴라		$1,987M	$2,468M	AAA-	AAA-
7 ∧	11		대륙간의		$1,462M	$1,747M	AAA-	AA
8 ∨	7		더블 트리		$1,304M	$2,399M	AAA-	AA+
9 ∧	12	CROWNE PLAZA	크라운 플라자		$1,215M	$1,629M	AA+	AA
10 ∧	13		쉐라톤		$1,134M	$1,351M	AA+	AA+
11 ∧	15		프리미어 인		🔒	🔒	🔒	🔒

출처 : 브랜드파이낸스(brandirectory.com)

(2) 호텔의 경영·관리조직체계

전통적으로 호텔경영·관리조직체계는 최고의사결정자인 경영주체로부터 객실부문, 식음료부문, 관리부문으로 나뉜다. 조직체계는 기업문화, 사업규모, 사업형태 등에 따라 조직구조가 다를 수 있으며 조직특성에 따라 명령체계가 다를 수 있으나 직무(job description)와 기능(function)은 유사하다.

◉ 호텔조직의 특징

호텔조직은 생산과 소비가 동시에 일어나는 서비스업의 특징을 가지고 있다. 아울러 생산, 판매, 관리부분이 함께 있다. 호텔업은 총지배인(general manager) 아래에 생산부문과 지원부문으로 나눌 수 있으며 생산부문은 매출규모와 특성에 따라 일반적으로 프런트오피스(front office), 식음료부(food & beverage), 기타부서로 나눌 수 있다. 지원부문은 백오피스(back office)라고 하며 영업을 지원하는 부분에 있어서는 제조업과 유사하다.

◉ 호텔의 직무

호텔경영 관리조직에는 다음과 그림과 같은 형태의 구조를 가진다. 호텔의 규모가 커지거나 기능이 많은 경우 조직은 보다 세분화되고 전문화된 부서가 추가될 수 있다.

백오피스

대부분의 호텔에서 백오피스(back office)는 프런트오피스(front office)를 지원하는 작업이 수행되는 곳이다. 프런트오피스는 회사의 얼굴이며 판매를 수행하고 고객과 상호 작용하는 데 사용되는 회사의 모든 자원이다.

백오피스는 인사, 재무, 구매, 시설, 마케팅, 기획 등으로 구성되어 일반 기업의 헤드오피스와 같은 기능을 수행한다. 대체로 백오피스의 운영은 거의 눈에 띄지 않지만 호텔사업에 있어 중요한 역할을 담당하고 있다.

호텔의 부서별 조직도(organization chart)

Back office		Front office		Food & Beverage		기타	
기획	• 신규사업 • 기획	프런트	• Reception • Concierge • Business center • Reservation • Operator	레스토랑	• 한식당 • 중식당 • 일식당 • 델리 • 룸서비스 • 부페	Kitchen	한중일식 베이커리
인사	• 채용 • 개발					Fitness	헬스, 수영장
재경	• 재무관리 • 손익관리			식음료부	• 로비 • 스카이라운지 • 바	Porter	고객 영접 수화물운반
구매	• 구매 • 공급	고객관리	• VIP 담당 • VIP Lounge • Contract			House keeping	객실미화 고객편의제공
시설	• 시설유지 • 보수			연회부	• Banquet	Linen	세탁물관리
마케팅	• 판촉, 홍보 • 마케팅업무						

프런트오피스

프런트오피스(front office)는 고객이 호텔문을 들어서는 순간 맞이하게 되는 부서이다. 프런트오피스에서는 예약, 컨시어지, 도어맨, 벨맨, 전화교환, 하우스키핑 서비스를 포함한 고객 서비스를 처리한다. 호텔의 프런트오피스는 손님이 도착했을 때 맞이하는 곳이며, 투숙을 위해 체크인(check in)을 하고 룸을 배정받으며 체크아웃을 하는 곳이다. 고객과의 접점에서 가장 중요한 부서 중 하나이다.

프런트오피스에서는 다음과 같은 업무를 한다.

① 예약업무 : 객실예약 업무, 객실예약 현황, 점유율 확인. 체크아웃과 체크인 업무

② 도어맨 : 고객영접 및 환송, 호텔진입로 차량안내, 차량호출, 주차대행, 출입통제

③ 벨맨 : 로비관리, 보안업무, 정리정돈, 고객의 수화물 보관 또는 룸배송, 그룹(group) 또는 FIT(Free independent traveller)여행객의 체크인과 체크아웃을 돕는 업무

④ 비즈니스센터 : 개인비서 역할(우편, 팩스, 번역, 통역 업무 등의 서비스 제공), 회의실, 컴퓨터 및 사무기기 서비스

⑤ 교환업무 : 호텔 내외부 전화 연결 및 전화를 통한 서비스 제공(하우스키핑, 모닝콜 등)

⑥ 고객관리 : VIP를 포함한 고객 관리 업무

⑦ 컨시어지(Concierge) : 컨시어지의 어원은 'le Comte des cierges'라는 프랑스어이며, 중세시대에 성(castles) 안의 수많은 방들을 밝힌 초를 관리하는 사람을 지칭한다. 컨시어지의 주요 업무는 호텔 고객들에게 호텔 내부는 물론, 외부의 일과 관련된 개인적인 서비스를 제공하는 곳으로, 각종 예약이나 구매, 지역 문화행사나 주요 관광지에 대한 정보를 제공하는 등 현지 사정에 익숙하지 못한 투숙객에게 도움을 줌

체크인 및 데스크 업무

고객 맞이 및 응대 업무

조리와 식음료 부서

① 식음료 부서 : 일반적으로 레스토랑, 음료를 주로 판매하는 바(bar), 연회를 담당하는 방켓(banquet)으로 나눌 수 있다.

② 보조시설 : 식음료 부서의 생산을 보조하는 주방(kitchen), 피트니스와 수영장, 수화물 관리(porter), 리넨(세탁물)관리 부서 그리고 하우스키핑(housekeeping)이 있다. 이 중 하우스키핑은 고객의 편의를 제공하는 다양한 서비스를 제공하는 부서로써 객실의 정비 및 관리, 소모품, 비품, 리넨류의 관리 및 세탁서비스, 기타 고객이 호텔에 체류하는 동안 용품 및 서비스를 제공하고 시설을 청결하게 관리하고 정비하여 안락함을 느낄 수 있는 서비스를 제공한다. 플로어(floor : 상시관리)업무와 룸메이드(roommaid : 객실 관리)업무로 크게 나눌 수 있다.

식음료 서비스 업무

객실 정리 업무

(3) 호텔외식경영의 개념

호텔외식경영은 호텔의 부대시설인 레스토랑, 식음료부서, 연회장 등 고객에게 제공되는 식사와 음료에 대한 총체적인 관리와 경영을 의미한다.

호텔외식경영은 경영은 관리라는 구체적인 행동을 통해 목적을 달성할 수 있다. 호텔외식경영은 그런 의미에서 관리적인 성격이 강하며, 큰 범주에서 외식경영의 일부분에 속해 있으나 호텔이라는 특수 환경하에서 외식경영은 일반 외식경영과는 차이가 있다. 호텔은 객실 판매가 주요 목적이며 이를 보조하는 부대시설이 식음료 부서이기 때문이다.

〈호텔외식경영자원〉

호텔외식경영을 위해서 투입관리되는 자원은 다음과 같다. 여기서 자원이란 재화를 포함하여 재화의 가치를 지닌 잠재적 요소들을 의미한다.

① 인력 : 식음료 부서는 서비스 인력과 생산(조리)인력을 관리하는 관리자(매니저)로 구성되어 있다. 이 인력은 호텔외식경영의 주요 동력원이자 관리요소이다.
② 현금 : 식자재의 구매 및 영업을 위한 지출과 수입, 판매 수익과 원가
③ 절차 : 식자재의 흐름과 공정에 소요되는 시간과 비용
④ 에너지 : 수도, 가스, 전기 등의 동력원
⑤ 장비와 도구 : 생산과 서비스를 위한 기구 일체
⑥ 재고 : 식자재의 구매 및 재고관리

〈호텔외식경영의 목표〉

호텔외식경영은 방문한 고객의 만족을 통해 매출과 이익목표를 달성하는 선순환을 위해 다음과 같은 목표를 가진다.

① 고객만족 : 호텔 투숙객 또는 방문객의 만족도를 높여 재방문하게 한다.

② 이윤 : 판매를 통한 영업이익의 극대화로 호텔의 수익창출에 시너지를 만든다.

③ 재무적 강점 확보 : 원활한 현금흐름의 장점을 가지고 있는 외식업의 특성으로 호텔의 현금흐름(cash flow)에 도움을 준다.

④ 홍보 : 호텔외식경험을 통한 홍보로 신규고객을 창출한다.

〈호텔외식경영의 특징〉

생산적 측면에서 호텔외식경영은 생산과 판매가 동시에 일어나며 상품의 원료인 식재료를 구입하여 그것을 조리(생산)하고 서비스해서 판매를 완결하는 과정이 동시에 이루어진다.

아울러 호텔외식은 일종의 폐쇄시장(captive market)[3]으로 일단 호텔에 들어오게 되면 호텔 내에서 외식에 대한 선택을 해야 하는 특징을 가지고 있다.

또한 서비스 생산관리 및 원가관리가 매우 중요한 요소이다. 일반외식과 달리 호텔에서는 레스토랑이나 식음료 시설에 방문한 고객의 개별 주문에 의하여 메뉴를 제공하기 때문이다.

또한 다른 외식과는 달리 외부 환경요인(계절, 일기, 기호)의 영향을 비교적 적게 받는다. 호텔은 주로 예약이나 호텔 방문점유율을 실시간으로 파악할 수 있어 이를 통한 수요예측이 가능한 장점이 있기 때문이다.

4) 기타 관광부대산업

(1) 관광객이용시설업

관광객이용시설업은 관광객을 위하여 운동, 오락, 음식 또는 휴양 등에 적합한 구조 및 시설을 갖추어 관광객에게 편의를 제공하는 것으로 골프장업, 유흥음식점업, 종합

---

3) 소비자가 특정 제품 구매 시 자신이 선택할 수 있는 공급자의 수가 매우 제한되어 정해진 소수의 공급업자로부터 구입하거나 구입을 포기해야 하는 시장

휴양업(건전한 여가선용을 위하여 일정한 장소에서 민속문화자원의 소개시설, 운동시설, 유희오락시설, 음식·숙박시설, 기타 휴양에 필요한 시설 등을 복합하여 운영하는 업) 등이 이에 속하며, 이러한 사업을 경영하고자 하는 자는 소정의 요건을 갖추어 등록하여야 한다. (조세특례제한법 제6조 제3항, 조세특례제한법 시행령 제5조 제9항)

관광객이용시설업 세부 업종 및 정의

세부 업종	정 의
전문 휴양업	관광객의 휴양이나 여가 선용을 위하여 숙박업 시설(「공중위생관리법 시행령」 제2조 제1항 제1호 및 제2호의 시설을 포함하며, 이하 "숙박시설"이라 한다)이나 「식품위생법 시행령」 제7조 제8호 가목 나목 또는 바목에 따른 휴게음식점영업, 일반음식점영업 또는 제과점영업의 신고에 필요한 시설(이하 "음식점시설"이라 한다)을 갖추고 별표 1 제4호 가목(2) (가)부터 (거)까지의 규정에 따른 시설(이하 "전문휴양시설"이라 한다) 중 한 종류의 시설을 갖추어 관광객에게 이용하게 하는 업
제1종 종합 휴양업	관광객의 휴양이나 여가 선용을 위하여 숙박시설 또는 음식점 시설을 갖추고 전문휴양시설 중 두 종류 이상의 시설을 갖추어 관광객에게 이용하게 하는 업이나, 숙박시설 또는 음식점 시설을 갖추고 전문 휴양시설 중 한 종류 이상의 시설과 종합유원시설업의 시설을 갖추어 관광객에게 이용하게 하는 업
제2종 종합 휴양업	관광객의 휴양이나 여가 선용을 위하여 관광숙박업의 등록에 필요한 시설과 제1종 종합휴양업의 등록에 필요한 전문휴양시설 중 두 종류 이상의 시설 또는 전문휴양시설 중 한 종류 이상의 시설 및 종합 유원시설업의 시설을 함께 갖추어 관광객에게 이용하게 하는 업
일반야영장업	야영장비 등을 설치할 수 있는 공간을 갖추고 야영에 적합한 시설을 함께 갖추어 관광객에게 이용하게 하는 업
자동차야영장업	자동차를 주차하고 그 옆에 야영장비 등을 설치할 수 있는 공간을 갖추고 취사 등에 적합한 시설을 함께 갖추어 자동차를 이용하는 관광객에게 이용하게 하는 업
관광유람선업	「해운법」에 따른 해상여객운송사업면허를 받은 자나 「유선 및 도선사업법」에 따른 유선사업의 면허를 받거나 신고한 자가 선박을 이용하여 관광객에게 관광을 할 수 있도록 하는 업
관광공연장업	관광객을 위하여 적합한 공연시설을 갖추고 한국전통 가무가 포함된 공연물을 공연하면서 관광객에게 식사와 주류를 판매하는 업
외국인관광 도시민박업	「국토의 계획 및 이용에 관한 법률」 제6조 제1호에 따른 도시지역(「농어촌정비법」에 따른 농·어촌지역 및 준농어촌지역은 제외한다)의 주민이 거주하고 있는 다음의 어느 하나에 해당하는 주택을 이용하여 외국인 관광객에게 한국의 가정문화를 체험할 수 있도록 숙식 등을 제공하는 업

(2) 국제회의업

국제회의업이란 대규모 관광 수요를 유발하는 국제회의(세미나·토론회·전시회 등을 포함)를 개최할 수 있는 시설을 설치·운영하거나 국제회의의 계획·준비·진행 등의 업무를 위탁받아 대행하는 업을 말한다.

국제회의 사례

밀레니엄 힐튼 호텔 회의장

국제회의업 세부 업종 및 정의

세부 업종	정 의
국제회의 시설업	대규모 관광 수요를 유발하는 국제회의를 개최할 수 있는 시설을 설치하여 운영하는 업
국제회의 기획업	대규모 관광 수요를 유발하는 국제회의의 계획 · 준비 · 진행 등의 업무를 위탁받아 대행하는 업

(3) 유원시설업

유원시설업이란 유기시설이나 유기기구를 갖추어 이를 관광객에게 이용하게 하는 업(다른 영업을 경영하면서 관광객의 유치 또는 광고 등을 목적으로 유기시설이나 유기기구를 설치하여 이를 이용하게 하는 경우를 포함한다)

유원시설업 세부 업종 및 정의

세부 업종	정 의
종합유원시설업	유기시설이나 유기기구를 갖추어 관광객에게 이용하게 하는 업으로서 대규모의 대지 또는 실내에서 법 제33조에 따른 안전성검사 대상 유기시설 또는 유기기구 여섯 종류 이상을 설치하여 운영하는 업
일반유원시설업	유기시설이나 유기기구를 갖추어 관광객에게 이용하게 하는 업으로서 법 제33조에 따른 안전성검사 대상 유기시설 또는 유기기구 한 종류 이상을 설치하여 운영하는 업
기타유원시설업	유기시설이나 유기기구를 갖추어 관광객에게 이용하게 하는 업으로서 법 제33조에 따른 안전성검사 대상이 아닌 유기시설 또는 유기기구를 설치하여 운영하는 업

(4) 관광편의시설업

관광편의시설업이란 상기 6가지의 관광사업 외에 관광 진흥에 이바지할 수 있다고 인정되는 사업이나 시설을 운영하는 업을 말한다.

관광편의시설업 세부 업종 및 정의

세부 업종	정의
관광유흥음식점업	식품위생 법령에 따른 유흥주점영업의 허가를 받은 자가 관광객이 이용하기 적합한 시설을 갖추어 그 시설을 이용하는 자에게 주류나 그 밖의 음식을 제공하고 노래와 춤을 감상하게 하거나 춤을 추게 하는 업
관광극장유흥업	식품위생 법령에 따른 유흥주점영업의 허가를 받은 자가 관광객이 이용하기 적합한 무도(舞蹈)시설을 갖추어 그 시설을 이용하는 자에게 음식을 제공하고 노래와 춤을 감상하게 하거나 춤을 추게 하는 업
외국인전용 유흥음식점업	식품위생 법령에 따른 유흥주점영업의 허가를 받은 자가 외국인이 이용하기 적합한 시설을 갖추어 외국인만을 대상으로 주류나 그 밖의 음식을 제공하고 노래와 춤을 감상하게 하거나 춤을 추게 하는 업
관광식당업	식품위생 법령에 따른 일반음식점영업의 허가를 받은 자가 관광객이 이용하기 적합한 음식 제공시설을 갖추고 관광객에게 특정 국가의 음식을 전문적으로 제공하는 업
관광순환버스업	「여객자동차 운수사업법」에 따른 여객자동차운송사업의 면허를 받거나 등록을 한 자가 버스를 이용하여 관광객에게 시내와 그 주변 관광지를 정기적으로 순회하면서 관광할 수 있도록 하는 업
관광사진업	외국인 관광객과 동행하며 기념사진을 촬영하여 판매하는 업
여객자동차터미널시설업	「여객자동차 운수사업법」에 따른 여객자동차 터미널사업의 면허를 받은 자가 관광객이 이용하기 적합한 여객자동차터미널시설을 갖추고 이들에게 휴게시설·안내시설 등 편익시설을 제공하는 업
관광펜션업	숙박시설을 운영하고 있는 자가 자연·문화 체험관광에 적합한 시설을 갖추어 관광객에게 이용하게 하는 업
관광궤도업	「궤도운송법」에 따른 궤도사업의 허가를 받은 자가 주변 관람과 운송에 적합한 시설을 갖추어 관광객에게 이용하게 하는 업
한옥체험업	한옥(주요 구조부가 목조구조로서 한식기와 등을 사용한 건축물 중 고유의 전통미를 간직하고 있는 건축물과 그 부속시설을 말한다)에 숙박 체험에 적합한 시설을 갖추어 관광객에게 이용하게 하거나, 숙박 체험에 딸린 식사 체험 등 그 밖의 전통문화 체험에 적합한 시설을 함께 갖추어 관광객에게 이용하게 하는 업
관광면세업	다음의 어느 하나에 해당하는 자가 판매시설을 갖추고 관광객에게 면세물품을 판매하는 업 1) 「관세법」 제196조에 따른 보세판매장의 특허를 받은 자 2) 「외국인관광객 등에 대한 부가가치세 및 개별소비세 특례규정」 제5조에 따라 면세판매장의 지정을 받은 자

(5) 여행업

여행업은 여행자 또는 운송시설·숙박시설, 그 밖에 여행에 딸리는 시설의 경영자 등을 위하여 그 시설 이용 알선이나 계약 체결의 대리, 여행에 관한 안내, 그 밖의 여행편의를 제공하는 업을 말한다.

여행업 세부 업종 및 정의

세부 업종	정 의
일반 여행업	국내·외를 여행하는 내국인 및 외국인을 대상으로 하는 여행업(여권 및 사증을 받는 절차를 대행하는 행위를 포함한다)
국외 여행업	국외를 여행하는 내국인을 대상으로 하는 여행업(여권 및 사증을 받는 절차를 대행하는 행위를 포함한다)
국내 여행업	국내를 여행하는 내국인을 대상으로 하는 여행업

(6) 관광산업 관련 직종

여행사(여행 예약 및 마케팅 홍보)

리조트(고객 응대 및 리조트 식음료 부서)

관광 가이드(투어 가이드 Tour Guide)

면세점 관련 샵 마스터(Brand Shop Master)

02

관광·호텔산업의 현황과 트렌드

1. 호텔산업 현황

1) 국내 호텔산업

통계청의 기업 활동조사 산업 중 분류별 숙박업 주요 지표(2006~2019)에 따르면 2018년 우리나라 호텔산업의 매출규모는 13조 7천억 원으로 2006년 대비 2배가량 성장한 것으로 나타났다. 통계를 위한 관광진흥법상의 호텔업 업종 구분은 관광호텔업(5성급~미등급), 가족호텔업, 한국전통 호텔업, 호스텔업, 소형호텔업으로 구분되어 있으며 전체 값은 관광호텔업(5성급~미등급), 가족호텔업, 한국전통호텔업, 호스텔업, 소형호텔업까지 포함한 수치이다.

아래는 우리나라의 대표적인 호텔들과 유명 레스토랑들의 예이다.

◉ 워커힐 호텔앤리조트

워커힐 호텔앤리조트(Walkerhill hotels and resorts)는 SK그룹 계열의 호텔 기업이다.

1963년에 워커힐호텔로 개관했고, 개관 초기에는 국제관광공사에서 운영하다가 1973년에 선경그룹이 인수하여 민영화된 후 현재에 이르고 있다. 1977년에 쉐라톤과 프랜차이즈 계약을 맺고 1978년부터 쉐라톤 워커힐이라는 호텔명으로 영업해 왔으나, SK그룹이 스타우드와 쉐라톤 프랜차이즈 재계약을 하지 않으면서 2017년 1월 1일부터 '워커힐 호텔앤리조트'로 독자적으로 운영을 시작하였다.

2001년 W호텔이 워커힐 호텔 옆에 개관하였으나 2017년부터 W호텔은 SK그룹 계열로 흡수되고 '비스타 워커힐 서울'로 개명, 현재 워커힐 호텔앤리조트에 소속되어 있다.

출처 : 워커힐 호텔앤리조트 홈페이지

◉ 호텔신라

호텔신라(Hotel Shilla)는 대한민국의 관광업체로, 삼성그룹의 관광 계열사이다. 면세유통사업, 호텔사업 및 생활레저사업을 운영 중이다. 1973년 2월 14일 삼성그룹 내 호텔사업부 창설을 필두로 하여 서울, 제주에 호텔을 건립하고 2006년부터 중국 쑤저우 신라호텔을 위탁 운영하기 시작했다. 개관 이후 각종 정상회담이 열리고 있다. 신라호텔이 가나화랑과 함께 조성한 1만 2천여 평의 야외 조각공원은 국내외로 작품 활동을 펼치고 있는 40여 명 현대 작가들의 조각작품 70여 점이 전시되어 있으며, Travel & Leisure 500대 호텔 선정, 국내 호텔 중에서는 유일하게 미국과 러시아, 일본, 중국의 수반들이 모두 다녀간 호텔로 기록되어 있다.

출처 : 호텔신라 홈페이지

⊚ 해비치호텔앤리조트

해비치호텔앤리조트(Haevichi Hotel & Resort)는 골프장, 호텔, 리조트 등을 운영하는 현대자동차그룹의 계열사이다. 제주도를 포함하여 서울과 경기 지역에 10여 개의 지사를 운영하고 있다. 2003년 리조트 215실을 먼저 오픈했으며, 2007년 호텔 288실을 개관하면서 총 508실을 갖춘 호텔&리조트로 구성됐다. 이후 2013년에 베이커리 샵 마고, 디자인 소품샵 마리를 새롭게 열었으며, 리조트 객실은 2013년부터 3개년에 걸쳐 부분적으로 객실을 리뉴얼해 2015년 3월 모든 객실을 완료했다. 리조트는 2009년부터 2014년까지 한국표준협회 주관 KS-SQI 제주 리조트 부문 6년 연속 1위를 차지하는 등 업계 1위 리조트로 자리매김하고 있다. 2015년 해비치호텔앤리조트의 대표이사로 선출됐던 이민 대표는 셰프 출신 최초의 호텔 대표이사로 업계의 화제를 모으기도 했다.

출처 : 해비치호텔앤리조트

⊙ 롯데호텔앤리조트

롯데호텔앤리조트(Lotte Hotel & Resort)는 1973년 신격호 롯데제과 사장이 한국에서 호텔을 운영하기 위해 설립했다. 먼저 국제관광공사로부터 반도호텔과 국립중앙도서관 부지를 인수하여 소공동 롯데호텔을 건립함으로써 본격적으로 호텔업을 시작했다. 높이 152m로 63빌딩이 생기기 전까지는 한국에서 가장 높은 빌딩이었다. 1988 서울 올림픽을 위해 송파구 잠실동에 롯데호텔 월드를 연 뒤 이듬해에 놀이공원 '롯데월드 어드벤처'도 개장했다. 1990년 외국인투자기업 등록 후 1993년 대전 대덕구에 처음으로 지방에 호텔을 열었고, 대전 엑스포 해외전시구역에 '롯데 환타지 월드'를 열었다. 2003년 롯데호텔 대덕을 목원대학교에 팔고 2004년 스카이힐 제주 CC를 롯데상사에 넘겼다. 2009년 서울 마포구에 '롯데시티호텔' 1호점을 열었다. 2010년 러시아 모스크바에 처음으로 해외 호텔을 열었고, 롯데부여리조트도 세워 콘도사업에 진출했다. 2011년에 롯데시티호텔을 합병했다. 2017년 송파구에 개관한 시그니엘은 100층이 넘는 높이로 현재 국내에서 가장 높은 빌딩이기도 하다.

출처 : 롯데호텔앤리조트

⊙ 조선호텔앤리조트

조선호텔앤리조트(Josun Hotel & Resort, 朝鮮호텔앤리조트)는 대한민국의 호텔업체이다.

현재, 서울특별시 중구 소공동의 웨스틴 조선호텔 서울과 부산광역시 해운대구 우동 마린시티 근처의 웨스틴 조선호텔 부산, 그리고 서울특별시 용산구 동자동의 포포인츠 바이 쉐라톤 조선 서울역, 서울특별시 중구 회현동의 레스케이프 호텔, 부산광역시 해운대구 중동의 그랜드 조선 부산, 서울특별시 중구 저동2가의 포포인츠 바이 쉐라톤 조선 서울 명동, 경기도 성남시 분당구 삼평동의 그래비티 서울 판교 오토그래프 컬렉션, 제주특별자치도 서귀포시 색달동 그랜드 조선 제주, 서울특별시 강남구 역삼동의 조선 팰리스 서울 강남, 럭셔리 컬렉션 호텔까지 총 9개의 호텔을 운영하고 있다.

출처 : 조선호텔 홈페이지

◉ 인터컨티넨탈 호텔그룹

　　인터컨티넨탈 호텔그룹(InterContinental Hotels Group)은 영국에 본사를 둔 호텔 그룹이다. 1946년 팬아메리칸 월드 항공 설립자 후안 트리프가 설립하였고 1998년 인터컨티넨탈 호텔그룹에 편입되었다. 2020년 11월 기준, 전 세계에 210개의 호텔을 두고 있으며 71,045개의 방을 보유하고 있다. 캔들우드 스위츠, 크라운 프라자, 이븐 호텔스, 홀리데이 인, 홀리데이 인 익스프레스, 화럭스, 호텔 인디고, 인터컨티넨탈, 스테이브리지 스위츠 등의 호텔 브랜드를 운영하고 있다. 한국에는 코엑스 인터컨티넨탈 호텔과 그랜드 인터컨티넨탈 호텔이 운영되고 있다.

출처 : 그랜드 인터컨티넨탈 호텔

⊙ 임피리얼 팰리스 호텔

　임피리얼 팰리스 호텔(Imperial Palace Hotel)은 서울특별시 강남구 논현동에 있는 비즈니스 호텔로, 특1급이며, 객실 430실 및 기타 부대시설로 이루어져 있다. 순수 국내 자본의 호텔로 1989년 9월 17일 호텔 아미가로 개관하여 2005년 5월 상호를 임피리얼 팰리스 호텔로 변경하였다. 유럽의 고풍스러운 디자인과 한국의 아름다움이 조화된 인테리어를 갖추고 있고 세계 각국의 전문 레스토랑을 갖추고 있다. 서울특별시 종합평가에서 최우수 호텔로 4회 선정되었으며, 2002년 한국관광기업경영대상과 한국호텔경영대상, 2006년 타임지 아시아 최우수 비즈니스 호텔 1위로 선정되었다. 2007년 12월 1일에는 일본 후쿠오카에 IP Hotel-Fukuoka를 개관하였다.

출처 : 임피리얼 팰리스 호텔 홈페이지

◉ L7 또는 L7 바이 롯데

L7 또는 L7 바이 롯데(L7 by LOTTE)는 호텔롯데의 부티크 호텔 브랜드다. 내부적으로 롯데호텔보다는 낮고 롯데시티호텔보다는 높은 4.5성급으로 홍보하며, 20~40대 여성 관광객을 타깃으로 삼았다. 2016년 1월 개장한 1호점은 4호선 명동역이었으며 2017년 12월 강남에 2호점을 냈고, 2018년 1월 홍대에 3호점을 냈다. 현재 뉴욕 진출을 추진 중이라고 한다.

출처 : 아고다

◉ 신라스테이

신라스테이(Shilla Stay)는 호텔신라의 비즈니스 호텔 운영자회사로, 2013년 호텔신라의 브랜드로 론칭됐고, 2014년 독립법인으로 분사되었으며, 현재 전국에 13개의 지점을 운영 중이다. 동급의 4성급 비즈니스 호텔 중 브랜드 인지도나 수익성이 매우 높으며, 호텔신라와 동일하게 관리된다는 점을 부각시켜 브랜딩에 주력하고 있다.

출처 : 아고다

◉ 나인트리

　나인트리(Ninetree)는 인터컨티넨탈 호텔을 운영하는 파르나스 호텔그룹이 론칭한 비즈니스 호텔로, 2021년 7월 판교에 1호점이 오픈했고 현재 5개의 지점이 운영 중이다. 11층 315개의 객실을 갖춘 나인트리는 포스트 코로나 시대를 반영한 '호캉스형 호텔'로, 전체 객실의 1/3이 레저 목적으로 설계되었고 20개 이상의 스위트룸을 갖추었을 만큼 고객의 휴식과 안락함에 집중하고 있다.

출처 : 나인트리 홈페이지

◉ 코트야드 메리어트

　코트야드 메리어트(Courtyard by Marriott)는 메리어트 인터내셔널이 소유한 비즈니스 호텔 브랜드로, 1983년에 1호점이 미국 샌 루이즈 지역에 오픈한 이후 현재 전 세계에 1,250개 이상의 지점이 운영되고 있다.

　코트야드 호텔은 다목적 미팅룸 7개, 투숙객을 위한 24시간 피트니스센터, 이그제큐티브 라운지, 24시간 비즈니스 센터 등을 갖췄다. 특히 8층에는 로비, 레스토랑, 바와 미팅룸이 위치해 '원 스톱' 서비스가 가능하며, 코트야드 브랜드만의 특색인 고 보드(Go board) 서비스를 통해 위치정보 등을 제공한다.

2) 국내 호텔 레스토랑

⊙ 아리아케

신라호텔에 위치한 일식당으로, 조선호텔 스시조와 더불어 한국 호텔 일식당의 양대산맥으로 불린다. 스시효의 안효주 셰프, 코지마의 박경제 셰프 등 수많은 스시 명인들이 이곳 출신이며, 일본에서 가장 유명한 초밥전문점 중 하나인 기요다 스시의 4대째 주인인 모리타 셰프의 오마카세를 즐길 수 있는 곳이다.

출처 : 신라호텔 아리아케

⊙ 라연

　라연은 한식 정찬을 선보이며 전통 한식을 현대적인 조리법으로 표현해낸다. 전망 좋은 신라호텔 23층에 자리해 시원한 남산 경관을 감상할 수 있는 이곳은 한국의 전통 문양을 활용해서 인테리어를 했다. 우아하고 편안한 식사를 제공하기 위해 고급 식기와 백자를 형상화한 그릇은 레스토랑이 지향하는 또 다른 차원의 섬세함을 잘 드러낸다. 현대적으로 재해석한 메뉴에 와인을 조합해 즐길 수 있다. 한국 최초의 미쉐린 가이드 3스타 레스토랑에 선정되어 지금까지 유지하고 있다.

출처 : 신라호텔 라연

⊙ 밀리우

해비치 호텔 제주 1층의 로비에 위치하고 있는 프렌치 파인다이닝 레스토랑으로, 천장이 시원하게 열려 있어 낮에는 따스한 햇볕이, 밤에는 아름다운 조명과 달빛을 볼 수 있는 공간이다. 밀리우의 모든 메뉴는 제주바다에서 잡히는 해산물과 제주 전통 음식, 제주의 제철 식자재를 주재료로 하며, 식사를 하는 레스토랑이지만 낮에는 '애프터눈 티'라 하여 몇 가지의 디저트와 차를 제공한다.

출처 : 밀리우

⊙ 스시조

오랜 세월 많은 스시 애호가들의 사랑을 받아온 스시조는 신라호텔의 아리아케와
더불어 국내의 손꼽히는 스시 전문점 중 하나로 일본 정통 스시의 맛과 기술을 표방한
다. 웨스틴 조선호텔 20층에 자리한 깔끔하고 우아한 분위기의 스시조에선 손님들에
게 내는 훌륭한 음식에 걸맞은 정중한 서비스는 물론, 일식 요리와 함께 즐길 수 있는
사케도 종류별로 잘 갖춰져 있다. 서울 도심 경관이 한눈에 내려다보이는 다이닝 홀도
매력적이지만, 오붓하게 식사를 즐길 수 있는 프라이빗 룸도 있다.

출처 : 조선호텔 스시조

⊙ 유유안

포시즌스 호텔 내에 위치한 중식당은 국내 최고수준의 광동식 요리를 선보이는 중
식당으로, 총괄셰프 쿠 콱 페이가 이끌고 있다.

주력메뉴는 정통 북경오리이며 2017년 미쉐린 가이드 서울에서 별 하나를 획득했다.

출처 : 유유안

⊙ 피에르 가니에르

소공동 롯데호텔 신관 최상층에 위치한 이곳은 프랑스 파리 출신의 세계적인 셰프 피에르 가니에르가 2008년 오픈한 프렌치 파인 다이닝 레스토랑이다. 고급 인테리어와 우아한 다이닝 공간을 자랑하는 이곳은 피에르 가니에르 셰프의 팀이 한국의 식재료를 바탕으로 만들어내는 모던한 프랑스 요리를 선보이고 있다. 250종 이상의 고급 와인이 준비되어 있는 유리 와인 저장고와 모든 룸에서 내려다보이는 멋진 도심 경관은 시각적 즐거움도 충족시켜 준다. 정중하고 전문적인 서비스도 매력적이다. 미쉐린 가이드 서울2022에서 별 하나를 획득했다.

출처 : 롯데호텔 피에르 가니에르

⊙ 무궁화

한국 정통 반가음식(班家飮食)에 전통 한정식을 현대적인 감각으로 재해석한 무궁화는 2~30인석 규모의 7개의 별실과, 한식과 어울리는 40여 종의 와인 콜렉션 및 와인 & 전통차 소믈리에의 음료 매칭 서비스가 마련되어 있어 있는 곳으로, 소공동 롯데호텔 메인건물에 위치하고 있다.

무궁화에서는 요리사로는 최초로 2009년 석탑산업훈장을 받은 이병우 총주방장의 진두지휘 아래 한식 발전에 기여한 공로로 국무총리상을 수상하고 2009년 오바마 대통령 방한 만찬을 준비한 천덕상 셰프가 선보이는 수준 높은 한식을 맛볼 수 있다.

출처 : 롯데호텔 무궁화

3) 해외 호텔산업

2006년 이후 세계 호텔산업의 규모는 지속적으로 확대되고 있으며 2009년 큰 폭으로 성장하였다. 세계관광기구(UNWTO : World Tourism Organization)의 자료에 따르면 2009년 기준 세계 호텔 수는 757,023개, 객실 수는 20,002,698개로 집계되었다.

호텔업계의 주요 기업으로는 메리어트인터네셔널(Marriott International), 힐튼월드와이드(Hilton Worldwide), 인터컨티넨탈호텔그룹(InterContinental Hotels Group) 및 윈드함호텔그룹(Wyndham Hotel Group)이 있다. 이 기업들은 다양한 서비스 시설과 다양한 호텔 브랜드를 보유하고 있다. 브랜드 가치별 글로벌 호텔 브랜드 순위에서 이들 기업의 계열사를 비교하면 힐튼호텔 월드와이드(Hilton Worldwide)의 힐튼호텔&리조트는 2020년 브랜드 가치가 108억 3,000만 달러로 1위를 차지했다. 한편, 매출 기준 가장 큰 호텔 회사, 메리어트인터내셔널(Marriott International)은 2019년에 210억 달러를 벌어 전 세계에서 가장 높은 매출을 기록했다.

◉ **진지앙그룹**

　진지앙그룹(Jin Jiang International)은 중국 정부가 직접 운영하는 세계적인 규모의 호텔 기업이다. 2015년과 2019년에 각각 루브르 호텔과 레디슨 호텔그룹을 인수하여 화제가 되기도 했으며 1만여 개의 호텔을 보유하고, 100만 개의 객실을 운영 중이다. 중/소형 규모의 호텔을 중국 전역에 가지고 있으며 2021년에는 코로나19 팬데믹 시대에도 불구하고 6.7%에 달하는 높은 성장률을 기록하며 화제가 되었다. 주로 중소형 호텔을 사업의 주력 아이템으로 하고 있으나 최근에는 프리미엄급 호텔 분야도 진출하며 세계 호텔업계 2위를 차지하고 있다.

출처 : 진지앙호텔

⊙ 아코르 호텔그룹

   아코르 호텔그룹(Acore Hotel Group)은 1967년 폴 듀브롤과 제랄 펠리송이 노보텔을 창업한 이후 현재 전 세계 140여 개국에 4,000여 개의 호텔 체인을 거느리고 있는 세계적인 호텔그룹으로, 메리어트, 힐튼, 인터컨티넨탈과 더불어 세계 최대규모의 호텔그룹으로 인정받고 있다. 프랑스에 본사를 두고 있으며, 대부분의 호텔들이 유럽과 아시아에 있다. 한국에는 소피텔, 노보텔, 이비스 호텔, 머큐어, 반얀트리 호텔&리조트 등이 있다. 싱가포르에 소재하고 있는 아시아 최고의 호텔 래플스도 아코르 그룹 계열이다. 최근 서울 용산에 오픈한 드래곤씨티 용산 호텔에 아코르 그룹의 그랜드 머큐어, 노보텔 스위트, 업스케일 노보텔, 이코노미 이비스 등 4개의 브랜드가 동시에 개관했다.

출처 : 아코르 그룹

⊙ 메리어트 인터내셔널

메리어트 인터내셔널(Marriott International)은 전 세계로 호텔을 전개하는 미국의 호텔 회사이다. 1927년 5월, 존 윌러드 메리어트가 부인과 함께 9석의 음료 가판대를 연 것이 시초이며, 현재 호텔 브랜드는 창업주의 이름 앞 글자에서 따온 JW 메리어트 호텔과 메리어트 호텔이다. 현재 전 세계 70여 개국에서 3,400개의 호텔 체인점을 운영하고 있다.

1970년부터는 호텔 위탁사업을 실시했고 이 해에 네덜란드 암스테르담에 최초의 외국 지점을 개설했으며, 1998년에는 리츠칼튼의 지분 일부를 인수하여 주주가 되었다. 2016년 9월 23일 스타우드 호텔 & 리조트와 인수합병을 마무리 짓고, 30개의 호텔 브랜드를 보유한 세계 최대의 호텔기업이다.

출처 : 메리어트 호텔 홈페이지

⦿ 포시즌스 호텔

　포시즌스 호텔(Four Seasons Hotels and Resorts)은 세계 각국에 전개하고 있는 국제적인 호텔 체인으로, 1961년 이저도어 샤프(Isadore Sharp)와 그의 부친 맥스 샤프(Max Sharp)가 캐나다에서 개업한 이후, 1970년 영국 런던에 지사를 오픈하면서 글로벌 브랜드로 성장하여 현재 세계 38개국에서 92개의 호텔을 운영하는 글로벌 호텔 브랜드이다.

　한국에는 미래에셋그룹이 운영을 맡아 2015년 광화문에 처음 개관하였고 2020년 2월, 포브스 트래블 가이드에 의하여 신라 호텔과 더불어 5개의 별을 획득하여 세계적으로도 5성급 수준을 인정받았다. 포브스가 선정한 5성호텔은 현재 한국에서 신라 호텔과 포시즌스 호텔 두 곳뿐이다.

출처 : 포시즌스 호텔 서울

◉ 하얏트 호텔 주식회사

하얏트 호텔 주식회사(Hayatt Hotel Corporation)는 1957년 제이 프리츠커가 로스앤젤레스 국제공항 인근의 하얏트 하우스 모텔을 인수하면서 시작하였다. 1968년 하얏트 인터내셔널이 출범했으며, 이 회사는 곧 독립된 상장 기업이 되었다. 하얏트 코퍼레이션과 하얏트 인터내셔널 코퍼레이션은 각각 1979년과 1982년에 프리츠커 가문의 사기업으로 전환되었으며, 2004년 12월 31일, 하얏트 코퍼레이션과 하얏트 인터내셔널 코퍼레이션을 비롯하여 프리츠커 가문이 소유한 모든 숙박업소 자산이 현재의 하얏트 호텔 코퍼레이션인 하나의 기업체로 사실상 합병되었다. 2014년 12월 31일자 기준, 하얏트는 전 세계 46개국 587개 지점을 운영하고 있다. 한국에는 1978년 남산 소월로에 "하얏트 리젠시 서울(HYATT REGENCY SEOUL)"로 개장하였고 이는 아시아 지역에서는 가장 오래된 하얏트 호텔이다. 현재 그랜드 하얏트, 파크 하얏트, 그랜드 하얏트 리젠시 등이 서울과 부산, 제주에서 운영되고 있다.

출처 : 그랜드 하얏트 서울

⊙ 힐튼 월드와이드 홀딩스 주식회사

힐튼 월드와이드 홀딩스 주식회사(Hilton Worldwide Holdings Inc.)는 다국적 호텔 기업이다. 1919년 콘래드 힐튼이 설립하였다.

힐튼 월드와이드는 다양한 시장 부문에 걸쳐 콘래드 호텔, 캐너피 바이 힐튼, 큐리오-어 컬렉션 바이 힐튼, 힐튼 호텔 & 리조트, 더블트리 바이 힐튼, 엠버시 스위츠 호텔, 힐튼 가든 인, 햄프턴 인, 홈우드 스위츠 바이 힐튼, 홈2 스위츠 바이 힐튼, 힐튼 그랜드 베케이션스, 월도프 애스토리아 호텔 등의 브랜드를 운영하고 있다.

한국에는 밀레니엄 힐튼과 그랜드 힐튼, 그리고 콘래드 호텔만 진출한 상태로, 콘래드 호텔은 힐튼이 보유한 가장 럭셔리한 브랜드이다.

출처 : 밀레니엄 힐튼호텔 홈페이지

2. 관광산업 현황

1) 국내관광산업

　문화체육관광부에 따르면 대한민국 관광산업 규모는 2015년 기준, 약 73조 원이다. 산업별 부가가치율을 적용해 환산하면 관광산업 규모는 우리나라 국내총생산(GDP)[4]의 2.51%를 차지하고 있는 고부가가치 산업이다.

　관광산업 부문에 있어 내국인과 외국인에 의해 발생되는 관광지출 규모는 아직까지 내국인의 관광지출 규모가 더 크다. 외국인 관광객의 수는 1975년 이래 계속 증가하여 왔으며 코로나사태가 발생하기 전인 2019년에는 외국인 관광객의 수가 연간 28,714,247명으로 역대 최대 관광객이 유입되었으나 이듬해 코로나 사태 발생 후에는 4,176,006명으로 –85%로 급감하였다. 아래는 외국인 관광객들에 의해 발생하는 관광수입 그래프이며 2019년 정점에 올랐을 때 연간 207억 불(25조)에 달하는 관광수입이 발생하였다.

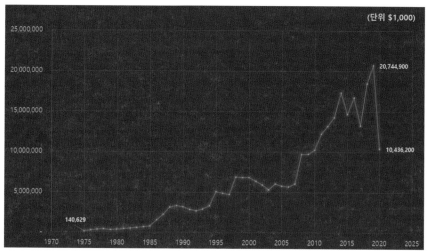

출처 : 관광데이터랩 자료를 그래프로 변환

연도별 외국인 관광수입(1975~2020)

---

4) GDP는 1년 동안 한 국가에서 생산된 모든 재화와 서비스의 총 가치다. 그것은 한 국가의 경제력을 나타내는 중요한 지표로 간주되며 긍정적인 변화는 경제 성장의 지표다.

2) 해외 관광산업

2020년 1월부터 전 세계로 감염이 시작된 코로나19는 10월 28일 기준으로 전 세계 총 확진자 수가 4,400만 명을 돌파했다. 비교적 피해 기간이 짧았던 사스, 메르스와 달리 현재까지도 확진자 수가 증가하며 경제, 사회, 교육, 문화 등 모든 일상생활 부문에 유례없는 피해를 주고 있다. UNWTO(세계관광기구)에 따르면 전 세계 수출의 7%를 차지하는 국제관광은 유례없는 후퇴행보를 보이고 있다.

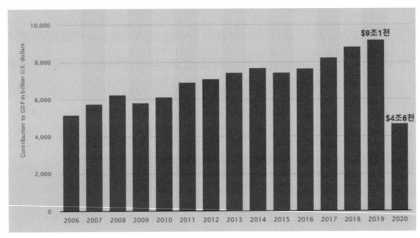

출처 : 스태티스타(https://www.statista.com)

전 세계 관광산업규모(2006~2020)

관광산업은 다른 산업과 달리 명확한 상품이 없기 때문에 정의하기 어렵다. 숙박, 교통, 관광명소, 여행사 등을 포함한 많은 산업이 통합되어 있기 때문이다. 전 세계적으로 여행 및 관광 산업의 GDP기여도는 2020년 약 4조 7,000억 달러였다.

세계 GDP에 가장 직접적으로 기여한 국가를 살펴보면 미국의 여행 및 관광 산업이 2020년 1조 1,000억 달러로 가장 많은 기여를 했으며, 여행 및 관광 분야에서 GDP 대비 가장 높은 비중을 차지한 국가는 마카오이다. 세계 관광산업 역시 2019년 코로나 사태 이후 큰 폭으로 그 규모가 하락하였다.

2020년 여행 및 관광 산업의 전 세계 수익은 42% 감소한 것으로 추정된다. 국가별 관광 수익 내역을 살펴보면 미국이 가장 큰 수익 감소를 기록하였다. 또한 아시아 태평양 지역도 가장 큰 감소를 보였다. 코로나 사태로 인한 장기적, 경제적 피해는 관광 산업뿐만 아니라 글로벌 레스토랑 방문, 극장 공연, 이벤트 등 관광과 관련된 산업에도 영향을 미치고 있다.

출처 : 세계관광기구(UNWTO)

2019년 대비 2021년 전 세계 관광객 변화

3) 항공산업 현황

코로나 사태로 국제관광산업의 매출과 더불어 하위 산업에도 영향을 미쳤다. 특히 항공산업의 경우 코로나 사태 발발 후 당해에 큰 감소를 보였으며 이 추세가 장기화되고 있다. 다음은 코로나 사태가 확산되는 시점인 2020년 항공산업의 월별 수요 · 공급 현황이다.

⊙ 대한항공

대한항공(大韓航空, Korean Airlines, KAL)은 대한민국의 국적 항공사이며, 항공 동맹체인 스카이팀의 창립 항공사로 인천국제공항과 김포국제공항을 허브 공항으로 두고 있다.

1969년 03월에 창업 당시 노후된 항공기 8대와 일본을 잇는 3개 국제노선으로 출발하여, 2021년 9월 말 기준 총 156대의 항공기를 보유하고 국내 13개 도시와 해외 42개국 107개 도시에 취항하여 항공운송사업을 수행하고 있다.

항공운송사업과 더불어 항공기 설계 및 제작, 민항기 및 군용기 정비, 위성체 등의 연구·개발을 수행하는 항공우주사업 등의 관련 사업을 통해 시너지 효과를 창출하고 있다.

대한항공은 대한민국의 운송 전문 기업집단인 한진그룹 계열이며, 1969년 민영화와 함께 계열로 편입됐다. 코스피 상장 기업(한국: 003490)이며, 2021년 현재 회사 규모는 시가총액 10조 4,694억 정도이다.

대한민국의 최대 규모 항공사이자 국내 항공사들 중 유일하게 일등석을 운영하는 항공사이며, 2020년 기준 44개국 127개 도시에 항공망을 연결하고 있다. 또한 세계 3대 항공 동맹체 가운데 하나인 스카이팀의 창립 멤버로 델타 항공, 에어 프랑스, 아에로멕시코 등과 함께 동맹의 창립을 주도했다.

스카이팀 소속 항공사 가운데 대한항공의 영향력은 큰 편이며, 특히 동아시아 지역에서 위상이 매우 높은 편이다. 또한 2008년 국내외에서 저비용 항공사의 수요가 늘어나면서 진에어(Jin Air)를 설립하였다(기업개요 및 위키피디아).

출처 : 위키미디어 커먼스(Wikimedia Commons)

⊙ 아시아나

아시아나항공(Asiana Airlines, INC.)은 대한민국의 민간 항공사이자 대한항공에 이은 대한민국 2위 규모의 민간 항공사로 인천국제공항과 김포국제공항을 허브 공항으로 하고 있으며, 항공사 동맹체인 스타얼라이언스의 가맹사이다.

출처 : 위키미디어 커먼스(Wikimedia Commons)

아시아나항공은 대한민국의 기업인 금호아시아나그룹에 소속된 코스피 상장기업(한국 : 020560)이며, 2021년 기준으로 회사 규모는 시가총액 1조 6,333억 원 정도이다. 창립 이후 금호아시아나그룹의 계열사였으나, 2009년 12월 유동성 위기로 인해 채권단과 자율협약 절차 매각 수순을 밟았고, 위기를 넘겼음에도 높은 부채율이 지속되자, 결국 2019년 4월 매각이 결정되어, 대한항공에서 인수 후 통합했다.

아시아나항공은 2011년 영업이익 3,583억원을 기록해 높은 성장률을 보였다. 2017년에는 아시아나항공의 영업이익 2,736억 600만원으로 6년 만에 최대 실적을 기록하였지만, 2018년 매출액 6조 8,506억원, 영업이익 1,784억원, 당기순이익 −104억원을 기록했다. 또한 8분기 연속 분기 최대 매출액을 경신했고, 연간 매출액은 창사 이후 역대 최고 실적을 거두었다. 하지만 2019년 모회사의 경영난과 국내 항공업계의 불황으로 인해 영업손실 2,841억을 기록하였다.

이후 2020년 코로나19라는 업계불황이 있었지만 화물실적이 95% 상승하여 6분기만에 영업이익 1,151억을 기록하였다. 대한항공과 달리 자체 중정비창이 없어서, 기체 및 엔진의 중정비는 전일본공수, 루프트한자, 롤스로이스 홀딩스, 대한항공 등에 위탁한다(기업개요 및 위키피디아).

◉ **티웨이**

티웨이(T'way Air)는 대한민국의 저비용항공사이다. 현재 국내선은 김포-제주, 대구-제주, 무안-제주, 광주-제주, 청주-제주, 광주-양양 노선 등을 운항 중이고 국제선은 김포-타이베이, 대구-타이베이, 대구-블라디보스토크를 비롯한 여러 노선을 운항 중이다. 티웨이항공은 코스피 상장 기업(한국: 091810)이며 2021년 현재 회사 규모는 시가총액 4,590억 정도이다.

출처 : 위키미디어 커먼스(Wikimedia Commons)

티웨이항공은 2010년 8월 (주)한성항공에서 티웨이항공으로 상호명을 바꾼 뒤 재취항했으며, 대한민국에서 국내항공운송사업 운항증명(Air Operator's Certificate)을 획득함과 동시에 김포~제주 운항을 개시했다.

티웨이항공은 2011년 한국소비자원이 주관한 '저비용 항공사 소비자 만족도 평가' 6개 평가지표 중 5개 항목에서 가장 우수한 점수를 받았으며, 2012년 한국교통연구원이 시행한 '항공교통서비스 시범평가'에서 저비용 항공사 중 가장 우수한 평가를 받았다. 그 결과 티웨이항공은 2013년, 설립 3년 만에 항공기 5대만으로 흑자를 달성했다. 또한 대한민국 항공사 최초로 전 항공기에 가죽시트를 적용하는 교체작업을 진행 중이다. 항공기 제작 시에 장착되어 있던 기존 가죽시트를 사용하는 경우는 있었지만 신규로 제작하여 사용하는 것은 대한민국 최초이다.

주요 사업으로 항공 운송업을 영위하고 있으며, 총 7개의 계열회사가 있다. 회사는 리스 계약을 통하여 Boeing737-800(NG) 항공기 27대를 보유하고 있으며, 신규노선의 수요창출을 위해 2022년 5대를 추가 리스할 예정이다(기업개요 및 위키피디아).

⊙ 제주항공

　제주항공(濟州航空, Jeju Air)은 대한민국의 저비용 항공사이다. 아시아나항공에 이은 대한민국 3위 규모의 민간 LCC 항공사이며 아시아 LCC 항공동맹인 밸류얼라이언스의 창립 멤버이다. 애경그룹 소속으로, 코스피 상장 기업(한국 : 089590)이며 2020년 기준으로 회사 규모는 시가총액 약 5,601억원이다.

출처 : 위키미디어 커먼스(Wikimedia Commons)

　애경그룹과 제주특별자치도는 2005년 1월에 설립되었으며, 대한민국 두 번째 저비용 항공사이다. 정기 항공운송사업 면허는 대한항공과 아시아나항공에 이어 3번째로 저비용 항공사 최초로 획득하였으며 현재 45대의 항공기와 58개의 노선을 운항 중인 대한민국 3위 항공사이다.

　2014년 발표한 실적은 LCC 최초로 매출 6,000억원을 돌파(6,081억)하였으며, 2015년 11월 6일에 상장했다. 공모가 3만원보다 60% 이상 높은 금액인 4만 8,100원에 거래를 마쳤다. 이로써 국내 LCC 최초로 상장한 회사가 되었고, 시가총액 1조 2,461억원으로 같은 날 4,900원으로 1.31% 하락해 시가총액 9,560억원이 된 아시아나항공보다 시가총액이 높아졌다.

2009년 3월 대한민국 내 저비용항공사로는 처음으로 국제선에 취항하였다. 2017년 10월 항공기 지상 서비스 동보공항서비스를 인수한 후 2018년 2월 사명을 제이에이에스로 바꾸고 출범하였다. 2018년 11월 보잉 737 MAX 40대 구매계약을 체결했다. 2021년 2분기 LCC 국내선 탑승객 시장점유율은 73%로, COVID-19 상황하에서 국제선 운항 제한 및 국내선 확장에 따른 결과로 성장세는 2020년 시장상황과 달랐다(기업개요 및 위키피디아).

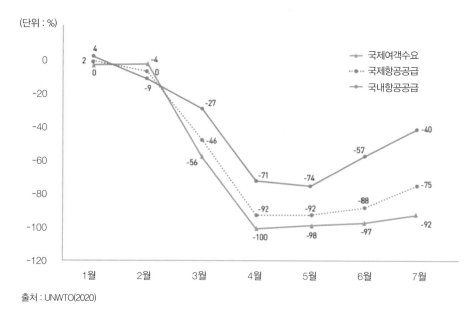

출처 : UNWTO(2020)

국제항공산업 동향

#HABIT-US

코로나 시대 국내 관광 트렌드는 어떻게 달라졌을까? 문화체육관광부와 한국관광공사가 '2022 국내 관광드렌드' 보고서로 답했습니다. 최근 3년간 빅데이터(소셜, 이동, 교통, 소비)와 전문가 심층 인터뷰, 여행소비자 설문을 기반으로 한 보고서입니다.

보고서에 따르면, 내년 국내 관광 트렌드는 코로나19 장기화로 2021년의 기조가 유지되는 가운데, 새 트렌드로 여행을 통해 자신의 취향을 경험하고 기록한다는 의미의 '해빗-어스 (H.A.B.I.T-U.S)'가 핵심이 될 전망입니다. ▲개별화·다양화(Hashtags) ▲누구와 함께여도 (Anyone) ▲경계를 넘어(Beyond Boundary) ▲즉흥여행(In a Wink) ▲나를 위로하고 치유하는 (Therapy) ▲일상이 된 비일상(Usual Unusual) ▲나의 특별한 순간(Special me) 총 7개 키워드로 요약됩니다.

키워드를 자세히 들여다보면, 먼저 여행자마다 여행기간, 숙소 등 취향이 다양해졌으며, 반려동물여행, 혼자여행, 키즈여행 등에 대한 관심도 증가했습니다. 게다가 불확실한 상황 속에서 자주 떠나는 단기여행이 일상으로 자리잡았으며, 즉흥여행 역시 하나의 트렌드로 떠올랐습니다. 마지막으로 나를 위로하고 치유하는 여행과 랜선여행 등 대체 여행, 취향을 경험하고 기록하는 여행도 주목받고 있습니다.

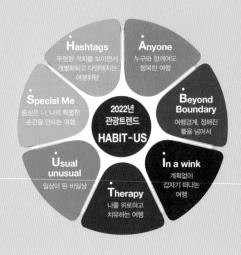

[출처] 빅데이터가 찾아냈다.
2022년 한국관광 트렌드 7개는?
(중앙일보, 2021.12.14)

이해하기 쉬운 호텔외식경영

work book

워크북은 책에 나오는 중요한 내용들을 다시 정리해 보는 페이지입니다.

1-1.	관광의 정의 중, 우리나라의 관광의 정의와 세계관광기구의 정의에서의 공통점은 무엇인지 서술하시오.

- 위 그림에서 page는 해당 내용이 있는 페이지입니다.
- 위의 예에서 '1-1.은 part 1(1장)의 1.을 의미하며 part-장-절-하위번호 순으로 참고할 페이지를 명시'하였습니다.
- 학습내용은 해당 페이지에서 답을 찾을 수 있습니다.
- 중요한 내용을 다시 정리하면서 복습해 보시기 바랍니다.

1-1.	관광의 정의 중, 우리나라 관광의 정의와 세계관광기구의 정의에서의 공통점은 무엇인지 서술하시오.

1-2-2)-(1)	호텔의 어원에 대해 서술하시오.

1-2-2)-(1)	관광진흥법 제3조 제2항에 의한 우리나라 호텔의 개념에 대해 서술하시오.

1-2-2)-(3) 미국 호텔산업의 개념 중 환대산업에 대한 내용을 정리해 보시오.

1-2-3) 국내 호텔의 역사에서 중요한 영향을 끼친 발전요인은 무엇인가? (표를 참조하여 답을 써보시오.)

1-2-3)-(1) 국내 호텔산업 중 최근 부상하고 있는 메디텔(meditel)의 개념과 특징을 서술하시오.

1-2-3)-(2)	호텔의 경영관리 조직체계 중 백오피스의 기능은 무엇인가?

1-2-3)-(2)	호텔의 경영관리 조직체계 중 프런트오피스의 기능은 무엇인가?

1-2-3)-(2)	호텔의 경영관리 조직체계 중 프런트오피스의 컨시어지는 무슨 부서인지 정리해 보시오.

1-2-3)-(2)	호텔의 경영관리 조직체계 중 식음료 부서의 업무에 대해 정리해 보시오.

1-2-3)-(2)	호텔의 경영관리 조직체계 중 조리와 식음료 부서를 보조하는 보조시설로는 어떤 것이 있는지 서술하시오.

1-2-3)-(3)	호텔외식경영의 개념에 대해 서술하시오.

| 1-2-3)-(3) | 호텔외식경영자원에는 어떤 것들이 있는지 서술하시오. |

| 1-2-3)-(3) | 호텔외식경영의 목표는 무엇인지 서술하시오. |

| 1-2-3)-(3) | 호텔외식경영자원의 특징에 대해 서술하시오. |

| 1-2-4)-(1) | 기타 관광부대산업 중 관광객이용시설업의 세부업종을 서술하시오. |

연습문제

1. 다음 중 관광의 개념으로 올바른 것은?

   ① 관광이란 즐거움을 목적으로 일상 생활권을 일시적으로 떠나는 활동으로 낯선 지역의 풍경·풍습·문물 등을 보거나 체험해 보는 일을 일컫는다.

   ② 관광이란 휴식을 목적으로 일반 생활권을 일시적으로 떠나는 개인활동으로 지역명소를 감상하고 체험해 보는 일을 일컫는다.

   ③ 관광이란 여가를 목적으로 일상 생활권을 일시적으로 떠나는 활동으로 지역명소를 감상하고 체험해 보는 일을 일컫는다.

   ④ 관광이란 여가를 목적으로 일반 생활권을 일시적으로 떠나는 활동으로 낯선 지역의 풍경·풍습·문물 등을 보거나 체험해 보는 일을 일컫는다.

2. 다음 관광개념에 대한 내용은 어느 기관과 관련이 있는가?

   > 여가, 사업, 방문 장소 안에 보답하는 활동에 무관한 목적을 위해 한 해를 넘지 않는 기간에 일반적인 환경 밖의 장소에서 머물러 여행하는 활동으로 정의하고 있다.

   ① UNWTO   ② 한국관광공사

   ③ 관광진흥청   ④ 관광사업

3. 다음 중 관광진흥법 제3조, 관광진흥법 시행령 제2조에 의한 관광사업 분류체계에 속하지 않는 사업은?

   ① 여행업   ② 관광숙박업

   ③ 관광객이용시설업   ④ 관광컨벤션회의업

4 다음 빈칸에 들어갈 말은?

> (   )은 여행자 또는 운송시설 · 숙박시설, 그 밖에 여행에 딸리는 시설의 경영자 등을 위하
> 여 그 시설 이용 알선이나 계약 체결의 대리, 여행에 관한 안내, 그 밖의 여행편의를 제공하
> 는 업을 말한다.

① 숙박업   ② 호텔업

③ 관광업   ④ 여행업

5 다음 중 여행업 세부 업종 및 정의에 속하지 않는 것은?

① 일반여행업   ② 국외여행업

③ 해외여행업   ④ 국내여행업

6 호텔업과 휴양 콘도미니엄업으로 구분되며, 호텔을 비롯하여 모텔, 유스
호스텔, 콘도미니엄 등을 운영하는 사업은 무엇인가?

① 여행숙박업   ② 관광호텔업

③ 관광숙박업   ④ 여행호텔업

7 다음의 설명에 적합한 세부업종의 사업은 무엇인가?

> 관광객의 숙박에 적합한 시설을 갖추어 이를 관광객에게 제공하거나 숙박에 딸리는 음식 ·
> 운동 · 오락 · 휴양 · 공연 또는 연수에 적합한 시설 등을 함께 갖추어 이를 이용하게 하는 업

① 호텔업   ② 관광호텔업

③ 호스텔업   ④ 관광숙박업

8 배낭여행객 등 개별 관광객의 숙박에 적합한 시설로서 샤워장, 취사장 등의 편의시설과 외국인 및 내국인 관광객을 위한 문화 · 정보 교류시설 등을 함께 갖추어 이용하게 하는 업은 다음 중 무엇인가?

① 휴양콘도미니엄업   ② 관광호텔업

③ 호스텔업   ④ 관광숙박업

9 의료관광객의 숙박에 적합한 시설 및 취사도구를 갖추거나 숙박에 딸린 음식 · 운동 또는 휴양에 적합한 시설을 함께 갖추어 주로 외국인 관광객에게 이용하게 하는 업은 다음 중 무엇인가?

① 휴양콘도미니엄업   ② 가족 호텔업

③ 한국전통 호텔업   ④ 의료관광 호텔업

10 관광객의 숙박과 취사에 적합한 시설을 갖추어 이를 그 시설의 회원이나 공유자, 그 밖의 관광객에게 제공하거나 숙박에 딸리는 음식 · 운동 · 오락 · 휴양 · 공연 또는 연수에 적합한 시설 등을 함께 갖추어 이를 이용하게 하는 업은 다음 중 무엇인가?

① 휴양콘도미니엄업   ② 가족 호텔업

③ 한국전통 호텔업   ④ 의료관광 호텔업

11 다음은 어떤 사업의 정의를 설명한 것인가?

> 관광객을 위하여 운동, 오락, 음식 또는 휴양 등에 적합한 구조 및 시설을 갖추어 관광객에게 편의를 제공하는 사업

① 여행숙박시설업   ② 관광호텔시설업

③ 관광객이용시설업   ④ 여행호텔시설업

12 다음은 국내관광객이용시설업의 세부 업종 중 어떤 업을 설명한 것인가?

> 「해운법」에 따른 해상여객운송사업면허를 받은 자나 「유선 및 도선사업법」에 따른 유선사업의 면허를 받거나 신고한 자가 선박을 이용하여 관광객에게 관광을 할 수 있도록 하는 사업

① 관광유람선업   ② 관광공연장업

③ 외국인 관광 도시민박업   ④ 일반야영장업

13 국제회의업의 세부 업종 중 대규모 관광 수요를 유발하는 국제회의의 계획·준비·진행 등의 업무를 위탁받아 대행하는 업은 다음 세부 업종 중 어느 것인가?

① 국제회의 시설업   ② 국제회의 기획업

③ 국제회의 출간업   ④ 국제회의 경영업

14 다음 중 유원시설업의 분류에 속하지 않는 것은?

① 종합유원시설업   ② 일반유원시설업

③ 기타유원시설업   ④ 관광유원시설업

15 관광편의시설업의 세부 업종 및 정의기준에서 관광식당업의 정의로 맞는 것은?

① 식품위생 법령에 따른 유흥주점영업의 허가를 받은 자가 관광객이 이용하기 적합한 시설을 갖추어 그 시설을 이용하는 자에게 주류나 그 밖의 음식을 제공하고 노래와 춤을 감상하게 하거나 춤을 추게 하는 업

② 식품위생 법령에 따른 유흥주점영업의 허가를 받은 자가 관광객이 이용하기 적합한 무도(舞蹈)시설을 갖추어 그 시설을 이용하는 자에게 음식을 제공하고 노래와 춤을 감상하게 하거나 춤을 추게 하는 업

③ 식품위생 법령에 따른 일반음식점영업의 허가를 받은 자가 관광객이 이용하기 적합한 음식 제공시설을 갖추고 관광객에게 특정 국가의 음식을 전문적으로 제공하는 업

④ 식품위생 법령에 따른 유흥주점영업의 허가를 받은 자가 외국인이 이용하기 적합한 시설을 갖추어 외국인만을 대상으로 주류나 그 밖의 음식을 제공하고 노래와 춤을 감상하게 하거나 춤을 추게 하는 업

16 숙박시설을 운영하고 있는 자가 자연·문화 체험관광에 적합한 시설을 갖추어 관광객에게 이용하게 하는 업은 관광편의시설업의 세부 업종 중 어디에 속하는가?

① 관광궤도업   ② 한옥체험업

③ 관광사진업   ④ 관광펜션업

17 다음 중 여객자동차터미널시설업은 어느 법에 따라 시행되는가?

① 식품위생법   ② 여객자동차 운수사업법

③ 궤도운송법   ④ 식품위생법

정답

1		2		3		4		5		6		7		8		9		10	
1	①	2	①	3	④	4	④	5	③	6	③	7	①	8	③	9	④	10	①
11	③	12	①	13	②	14	④	15	③	16	④	17	②						

PART 2
외식산업

01
외식과 외식산업의 정의

외식의 개념

1. 외식의 정의

우리가 흔히 '외식하러 가자'라고 하며 쓰는 '외식'이란 말은 용어로 통용된 지 오래되었다. 우리나라의 외식에 대한 정의를 살펴보면 외식산업진흥법과 국어사전에서는 다음과 같이 정의하고 있다.

- 외식이란 가정에서 취사를 통하여 음식을 마련하지 아니하고 음식점 등에서 음식을 사서 이루어지는 식사 형태(외식산업진흥법 제2조 제1호)
- 자기 집이 아닌 음식점 등에 가서 사서 먹는 일 또는 식사(국어사전, 이희승)

우리나라에서 외식이란 용어의 정의는 구매와 판매, 장소를 기준으로 분류되는데, 주체 즉 외식하는 소비자의 능동적(식사하는) 행동을 담은 의미로 사용되고 있으며 외국의 경우도 나가서 식사하는(dine out) 개념으로 통용되고 있다. 또한 서비스를 제공한다는 측면에서 환대산업(hospitality industry)이라 부르기도 한다.

외식이란 용어의 탄생은 역사적 배경과 산업의 발달, 문화적 수용의 결과이다. 우리나라에서 외식이란 용어가 사용되기 시작한 것은 외식이 산업군으로 분류되기 시작하며 외국문물의 영향을 받기 시작한 시점으로 추정된다.

2. 식(食)의 범위와 분류

외식과 더불어 인간의 의식주에 있어 식(食)의 범위는 외식의 정의에서 설명한 것처럼 공간적 의미와 구매한다는 상업적 기준, 그리고 상품의 완성여부(완전히 조리된, 반 조리된)로 이를 외식의 범위로 구분하여 설명할 수 있다.

1) 외식의 범위

최초 외식의 구분은 다음과 같은 형태의 분류가 이루어졌다. 외식에 대한 학문적 접근을 위해 이를 분류하고 기준을 정하는 것은 중요한 기초 작업이기 때문에 즉 이와 같은 분류와 개념정립이 필요하였기 때문에 학자들은 다음과 같이 분류하였다.

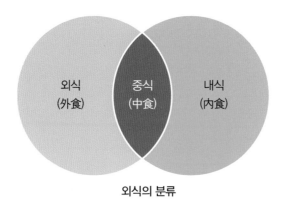

외식의 분류

이 중 외식을 제외한 내식과 중식의 개념은 아래와 같으며 앞에서 설명한 공간적, 상업적 그리고 상품의 완성여부와 연관이 있다.

- 내식 : 외식과 상반되는 개념으로 가정에서 식자재를 구매하여 취사 후 식사하는 것
- 중식 : 반조리 또는 완조리 상태의 음식을 약간의 추가 조리 후 취식 또는 바로 취식할 수 있도록 하는 것

그러나 이는 개념적 분류이며 중식과 내식이라는 말이 사전적 의미로 정립된 것은 아니다. 학문적 차원의 편의에서 그렇게 부르는 것이며 각종 사전에도 이에 대한 정의를 기록한 내용은 없다.

2) 외식의 근대적 분류

외식에 대한 근대적 정의를 내린 사람은 일본의 도이토시오(土井利雄)로 외식의 개념에 대해 최초로 언급하였다. 이는 최초의 개념에 발생할 수 있는 경우의 수를 모두 포함하여 분류기준을 만든 것이다. 그러나 현대에 와서는 이 부분이 보다 세분화되고 있다. 이를 도식화하면 다음 표와 같이 설명할 수 있다.

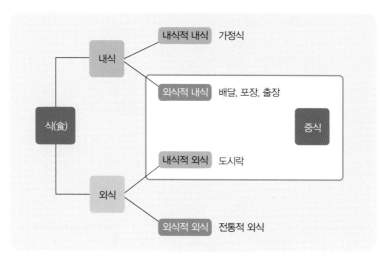

외식의 분류

기본적으로 식을 외식과 내식으로 나눈 기본 틀에서 중식의 형태가 다양하게 변화를 보이는 것이 현재의 추세이다.

현대에 와서는 외식에 대한 구매행태의 변화로 주요 범주가 변하게 되어 현대적 의미의 외식의 정의가 필요한 시점이다. 특히 중식으로 대표되는 외식의 기준은 HMR(Home meal repalcement)이라는 용어로 대체되며 정착되고 있다.

HMR은 가정에서 식사를 대체하거나 대용할 수 있도록 만든 간편식으로, 반조리 형태로 판매되는, 국, 반찬, 기호음식들이 있다. 팬데믹(pandemic) 이후 증가한 밀키트(Meal kit)처럼 전처리된 식재료와 양념, 소스 등을 레시피와 함께 제공하여 간편 조리할 수 있게 만든 상품을 들 수 있다. HMR의 분류는 아래와 같이 세분화할 수도 있다.

- RTH(Ready to heat) : 가볍게 가열하여 먹을 수 있는 음식
- RTE(Ready to Eat) : 구매 후 바로 섭취할 수 있는 음식
- RTP(Ready to Prepared)) : 전처리된 식품 원재료를 제공하는 제품으로 가정에서 바로 조리할 수 있도록 준비하여 제공하는 형태의 식재료

3) 외식산업(Foodservice Industry)의 정의

　외식을 산업수준으로 분류하는 일은 역사적으로 오래되지 않았다. 외식산업의 정의에 대해서 가까운 일본과 미국의 경우에도 외식산업은 유사한 의미로 해석되고 있으며 우리나라에도 전파되었다.

　즉 외식산업은 외식목적을 가진 소비자들에게 서비스를 제공하는 산업의 총체라고 정의한다.

외식산업 정의에 대한 역사

　외식산업은 식당에서 음식을 조리하여 제공하는 제조업 성격이 강하며, 소비자에게 직접 판매하기 위한 여러 형태의 서비스를 통해 상품을 제공한다. 아울러 이와 연관된 1차 제조, 가공 및 공급이 외식산업에 연관되어 있고 이는 식품산업(Food Industry)과 밀접한 관계를 가지고 있다.

　외식이라는 말의 의미가 무언가 나가서 먹는다는 의미로 국한되어 직역한다면, 미국식 표현은 Dining out industry가 된다. 그러나 우리나라에서는 외국의 표기법을 따라 외식산업을 Foodservice Industry라고 말한다. 이렇게 표기하는 이유는 외식산업에 있어 Foodservice Industry는 이 산업군 안에 외식(영어로 표현하면 dining out이나 eating out)이 포함되어 있기 때문이다.

02
외식산업의 분류

우리나라 외식산업의 산업적 분류기준은 관계기관에 따른 분류기준을 가지고 있다. 국내 외식산업의 객관적 분류기준은 산업분류에 의한 기준과 관계법령의 분류기준에 따른 분류체계로 외식산업의 분류기준을 살펴볼 수 있다.

1. 한국표준산업분류

통계청 한국표준산업분류(KSIC)에서의 외식산업 분류

561 음식점업

세분류	세세분류
5611 일반 음식점업	56111 한식 음식점업
	56112 중식 음식점업
	56113 일식 음식점업
	56114 서양식 음식점업
	56119 기타 서양식 음식점업
5612 기관구내식당업	56120 기관구내식당업
5613 출장 및 이동 음식업	56131 출장 음식 서비스업
	56132 이동 음식업
5619 기타 음식점업	56191 제과점업
	56192 피자, 햄버거, 샌드위치 및 유사 음식점업
	56193 치킨 전문점
	56194 분식 및 김밥 전문점
	56199 그외 기타 음식점업

562 주점 및 비알코올 음료점업

세분류	세세분류
5621 주점업	56211 일반유흥 주점업
	56212 무도유흥 주점업
	56129 기타 주점업
5622 비알코올 음료점업	56220 비알코올 음료점업

  한국표준산업분류(KSIC : Korean Standard Industrial Classification)에 따르면 음식
점업이란 "접객시설을 갖춘 구내에서 또는 특정장소에서 직접 소비할 수 있도록 조리
된 음식품 또는 직접 조리한 음식품을 제공조달하는 산업활동"이라 정의하고 있다.

한국표준산업분류(KSIC)의 분류기준에 따르면 외식산업은 숙박 및 음식점업(56)으로 나뉘고 이는 다시 음식점업(661)과 주점 및 비알코올 음료점업(662)로 나뉘며 다시 세분되어 여러 형태의 사업들로 세분된다.

2. 식품위생법에 의한 분류

식품위생법 시행령 제21조에 의해 외식산업은 식품접객업에 해당된다. 이를 역시 음식점과 주점으로 앞에서 분류한 통계청의 한국표준산업분류와 동일한 분류기준을 갖는다. 그러나 식품위생법에서는 주류를 취급하느냐 하지 않느냐에 따른 기준을 가지고 다시 분류하였다. 음식점은 주류의 판매 여부에 따라 휴게음식점, 일반음식점영업, 위탁급식영업, 제과점영업으로 분류되며 주점은 유흥종사자 유무에 따라 단란주점영업, 유흥주점영업으로 분류된다.

식품위생법 시행령 제21조에 의한 외식산업의 분류

분류		내용
음식점영업	휴게음식점영업	음식류를 조리 · 판매하는 영업으로서 음주행위가 허용되지 아니하는 영업. 주로 다류를 조리 · 판매하는 다방, 빵 · 떡 · 과자 · 아이스크림류를 조리 · 판매하는 과자점 형태의 영업을 포함
	일반음식점영업	음식류를 조리 · 판매하는 영업으로서 식사와 함께 부수적으로 음주행위가 허용되는 영업
	위탁급식영업	집단급식소를 설치 · 운영하는 자와의 계약에 따라 그 집단급식소에서 음식류를 조리하여 제공하는 영업. 영양사와 조리사를 두어야 함
	제과점영업	주로 빵 · 떡 · 과자류를 조리 · 판매하는 영업
주점업	단란주점영업	주류를 조리 · 판매하는 영업으로서 손님이 노래를 부르는 행위가 허용되는 영업
	유흥주점영업	주류를 조리 · 판매하는 영업으로서 유흥종사자 고용, 유흥시설의 설치가 허용되는 영업

3. 관광진흥법에 의한 분류

관광과 외식산업은 매우 연관성이 있으며, 이는 관광객이 이용하는 시설업의 관광공연장업, 관광편의시설업에서의 관광유흥음식점업, 관광극장유흥업, 외국인전용 유흥음식점업, 관광식당업 등이 있다.

관광진흥법에 의한 분류

분류	내용
관광공연장업	관광객을 위하여 공연시설을 갖추고 한국전통가무가 포함된 공연물을 공연하면서 관광객에게 식사와 주류를 판매
관광유흥음식점업	유흥음식점 영업의 허가를 받은 자가 관광객이 이용하기 적합한 한국전통 분위기의 시설을 갖추고 음식을 제공하고 노래와 춤을 감상하게 하거나 춤을 추게 하는 사업
관광극장유흥업	유흥음식점 영업의 허가를 받은 자가 관광객이 이용하기 적합한 무도시설을 갖추어 그 시설을 이용하는 자에게 음식을 제공하고 노래와 춤을 감상하게 하거나 춤을 추게 하는 사업
외국인전용 유흥음식점	유흥음식점 영업의 허가를 받은 자가 외국인이 이용하기 적합한 시설을 갖추어 그 시설을 이용하는 자에게 주류나 그 밖의 음식을 제공하고 노래와 춤을 감상하게 하거나 춤을 추게 하는 사업
관광식당업	일반음식점영업의 허가를 받은 자가 관광객이 이용하기 적합한 음식제공시설을 갖추고 관광객에게 특정 국가의 음식을 전문적으로 제공하는 사업

4. 해외 외식산업의 분류

해외 외식산업은 우리나라보다 역사가 오래되었으며 규모가 큰 미국, 중국, 일본의 외식산업에 대한 분류를 통해 해외 외식산업 분류기준에 대해 살펴보겠다.

1) 미국

NRA(national restaurant association)의 통계에 따르면 미국의 2020년 외식산업 규모는 6,590억 달러로 예상보다 2,400억 달러 감소하였으며 1,250만의 인구가 외식산업에 종사하고 있다고 한다.

미국의 외식산업은 산업분류에 따라 상업적 음식점, 비영리 음식점, 군대전용음식점으로 나뉘며 상업적 음식점에서 세분화된다.

미국 외식산업의 분류

분류		내용
상업적 음식점 (commercial restaurant)	풀서비스 레스토랑 (full service restaurant)	서버에 의해 풀 서비스가 이루어지는 레스토랑으로 다이닝 서비스를 제공하는 패밀리 레스토랑, 테마레스토랑이나 파인 다이닝 레스토랑이 이에 속함
	리미티드 서비스 레스토랑 (limited service restaurant)	카페테리아, 뷔페, 패스트푸드, 커피, 바 등 부분적인 서비스와 때로는 셀프서비스로 운영되는 레스토랑
비영리음식점(non-commercial restaurant)		구내식당, 교내, 병원, 교정시설 급식서비스, 크루즈, 기내 서비스 등 음식과 음료가 사업의 주요 초점이 아니라 식음료 서비스가 사업을 지원하거나 보완하기 위해 존재함
군대전용음식점(military restaurnat service)		비영리음식점의 범주에 속하나 따로 분류, 군인들의 식사제공을 위한 서비스

미국 노동력의 10%가 레스토랑에 고용되어 있으며 미국에는 100만 개 이상의 식품 서비스 시설이 있는 것으로 추산된다. 이 통계는 그 자체로 주목할 만하지만 미국의 53,000개 숙박시설과도 비교할 수 있다. 대부분의 음식점 중 상업적 음식점이 차지하는 비중이 매우 높은데 이에 대한 분류는 아래와 같다.

이 중 상업적 음식점이 차지하는 비중이 매우 높으며 캐주얼 음식점, 캐주얼한 고급 레스토랑, 상업식품 서비스, 패밀리 레스토랑, 푸드트럭/스트리트 푸드, 하이퍼로컬 소싱, 비상업적 식품 서비스, 빠른 캐주얼 레스토랑, 퀵서비스 음식점, 테마 레스토랑, 고급/파인 다이닝 레스토랑 등으로 분류하고 있다.

다음의 표는 상업적 음식점에 대한 내용이다.

상업적 음식점의 종류

분류	내용
퀵서비스 레스토랑 (QSR)	• 고객이 카운터에서 주문하고 제품을 받기 전에 지불하고 카운터에서 음식을 픽업하는 곳 • 전통적으로 맥도날드, 버거킹, 웬디스 등이 있다.
퀵서비스 레스토랑 플러스 (QSR-Plus)	• 더 높은 품질의 제품을 제공하는 퀵서비스 레스토랑 • Chick-fil-A, Five Guys Burgers and Fries, Shake Shack 등이 있다.
푸드트럭/스트리트 푸드 (Food Trucks/Street Food)	• 고객이 카운터에서 주문하고 지불 후 음식을 가져가거나, 길가에서 바로 먹거나, 근처에 있는 몇 개의 테이블에 앉아 식사하는 형태의 레스토랑 • Pepe, Kogi, The Taco Truck(푸드트럭 체인) 등이 있다.
퀵 캐주얼(또는 패스트 캐주얼) (Quick Casual Restaurants)	• 서비스는 QSR과 유사하나 QSR과 비교하여 퀵 캐주얼의 주요 차이점은 메뉴의 품질이 뛰어나다는 점이다. • Chipotle, Panera, Noodles and Company, Pei Wei Asian Market 등
패밀리 레스토랑 (Family Restaurants)	• 패밀리 레스토랑은 일반적으로 아침, 점심, 저녁 식사 시간에 영업하며 패밀리 레스토랑 체인의 경우 주류 서비스가 제한적이거나 전혀 없으며 대부분은 하루 종일 아침 식사를 제공한다. 대부분 24시간 영업을 한다. • Bob Evans, Cracker Barrel, Denny's, Friendly's, IHOP 및 Perkins 등이 있다.
캐주얼 레스토랑 (Casual Restaurants)	• 편안한 분위기(고급 시설에 비해), 적당한 가격의 음식, QSR보다 높은 품질의 음식을 제공하는 풀 다이닝 레스토랑 • Applebee's, Chili's, Olive Garden, Outback Steakhouse, Red Lobster, Red Robin 및 TGI Friday's 등이 있다.
테마 레스토랑 (Theme Restaurants)	• 캐주얼 레스토랑의 확장으로 특정 테마에 초점을 맞춘 것이 주요 차이점이다. • Hard Rock Café(록큰롤을 테마로 구성), Rainforest Café(정글을 테마로 구성)
캐주얼 고급 레스토랑 (Casual Upscale Restaurants)	• 서비스 및 음식 품질 면에서 고급 레스토랑과 비슷하며 평균 객단가는 점심 $16, 저녁 $50이다. 식사 속도가 더 여유로운 고급 레스토랑에 비해 테이블 회전이 빠르다는 것이 가장 큰 차이점이다. • Great American Restaurant, Hillstone Restaurant Group, J. Alexander's 등
고급 파인 다이닝(Upscale/ Fine Dining Restaurants)	• 최고 수준의 제품과 서비스를 제공하는 레스토랑 • Pappas Bros, Steakhouse, Peter Lugers, Ruth's Chris Steak House

출처 : Beth Egan(2020), Introduction to Food Production and Service, Pennsylvania State University

2) 일본

일본의 외식산업 규모는 2007년부터 2017년까지 10년간 약 1.1조엔 증가하는 등 완만한 성장을 지속한 후 2011년까지는 인구감소와 1인당 외식지출의 감소를 배경으로 한 시장 축소세를 보였으나, 방일 외국인 관광객의 지출 증가로 2019년까지 성장을 지속해 왔다. 2020년에는 28조 5,965억 엔(후지경제연구소)에 달하는 것으로 집계되었으며 코로나바이러스 확대의 영향으로 전년과 비교해 시장규모는 16.5%가 감소하였다.

일본 미즈호은행(株式会社みずほ銀行, Mizuho Bank, Ltd.)은 제품 및 서비스의 취식 장소에 따라 외식산업의 분류를 내식, 중식, 외식의 3가지로 분류하고 이 중 '외식(外食)'은 동일한 장소에서 음식의 소비와 제공이 이루어지는 것으로 정의하였다. 일본 외식산업의 분류는 표준산업분류와 민간의 외식산업총합조사연구센터, 일본푸드서비스협회의 분류가 있다.

일본 외식산업의 분류

	총무성(산업조사)	외식산업총합조사연구센터	일본푸드서비스협회

분류
항목
	일반음식점
	식당, 레스토랑
	  • 일반식당
	  • 일본요리점
	  • 서양요리점
	  • 중화요리점
	  • 불고기요리점
	  • 동양요리점(중화, 불고기요리점 제외)
	소바, 우동점
	초밥점
	찻집
	
	기타일반음식점
	  • 햄버거점
	  • 부침요리점
	기타일반음식
	기타음식점
	  • 요정
	  • 빠, 카바레, 나이트
	  • 주점, 비어홀
	음식료소매업
	  • 요리품소매업
		급식주체부문
		영업급식
		  • 음식점
		    식당, 레스토랑
		    소바, 우동집
		    초밥집
		    그 외 음식점
		  • 국내선 기내식 등
		  • 숙박시설
		
		집단급식
		  • 학교
		  • 사업소
		  • 병원
		  • 보육소급식
		
		음료주체부문
		  • 찻집, 주점 등
		  • 요정, 빠 등
			업태분류
			패스트푸드
			패밀리 레스토랑
			다이닝레스토랑
			주점
			찻집
			종합식료점, 기타

출처 : 이계임(2006), 한국, 미국, 일본의 외식통계 비교와 시사점, 농촌경제, 제29권 제2호

3) 중국

중국의 외식산업(요식업) 시장 규모는 2017년 3조 9,600만 위안 규모로 전년 대비 10.7% 성장하였으며 2018년에는 4조 3,000억 위안을 넘어섰다. 중국요리협회(中国烹饪协会) 및 중국산업정보(中国产业信息)에 따르면 2020년 외식산업의 운영 수입이 5조 위안을 넘어서고 2022년에는 6조 위안을 돌파할 것으로 전망되고 있다. 중국은 미국에 이어 전 세계 2위의 외식산업 규모로 급성장하는 시장이며, 다양한 연구기관에서 중국 외식산업의 미래를 긍정적으로 바라보고 있다.

중국 외식산업의 분류는 한국의 분류체계와 유사한 점을 보이는데 우리나라와 같이 중국도 분류체계를 유엔의 국제표준산업분류를 기초로 작성하였기 때문이다. 아래는 중국 국민경제 업종 분류표 중 외식업의 분류표이다.

중국 국민경제 업종 분류표 중 외식업

부문	대분류	중분류	소분류	분류명칭
H 숙박과 음식업				
	61 숙박업			
	62 음식업 : 즉석 제작 가공, 상업 판매와 서비스성 노동 등을 통해 소비자에게 식품과 소비 장소 및 시설을 제공하는 서비스를 말함			
		621	6210	레스토랑 서비스 : 일정 장소 내에서 중식, 저녁식사 위주로 각종 중·서양식 볶음요리와 주식을 제공하고 동시에 종업원이 음식을 테이블에 올리는 활동을 가리킨다. 1. 빈관, 반점, 호텔 내 독립(또는 상대적으로 독립된) 술집, 식당 2. 각종 정식을 위주로 술집 반점, 식당 및 기타 식사장소 3. 각종 뷔페식 음식 서비스 4. 각종 샤부샤부, 구이 위주의 음식 서비스 5. 역, 공항, 부두 내 설치된 독립적 음식 서비스 6. 기차, 증기선상 독립된 식사 서비스 7. 식사 위주의 카페
		622	6220	패스트푸드서비스 : 일정 장소 내 또는 특정한 설비를 통해 빠르고 편리한 음식을 제공하는 서비스를 가리킨다. 1. 중식패스트푸드서비스 2. 외국패스트푸드서비스
		623		음료 및 냉음료 서비스 : 일정 장소 내 음료와 냉음료 위주의 서비스를 가리킨다.
			6231	차관서비스 각 종류의 차관서비스
			6232	카페서비스 각 종류의 카페서비스
			6233	바 서비스 각 종류의 바 서비스
			6239	기타 음료 및 냉음료 서비스

	624		음식 배송 및 테이크 아웃 배달 서비스
		6241	음식 배송서비스 : 협의 또는 계약에 근거하여 민항, 철도, 학교, 회사, 기관 등에 제공하는 음식 배달 서비스를 가리킨다. 민항, 철도, 학교, 기관, 기타음료 배송서비스
		6242	테이크아웃배달서비스 : 소비자의 주문과 식품안전의 요구에 근거하여 교통수단, 설비를 선택하여 정확한 시간, 정확한 품질, 정량을 소비자에게 배달하고 동시에 증빙을 제공하는 서비스를 가리킨다.
	629		기타 음식업
		6291	스낵 서비스 : 하루 종일 식사할 수 있는 간편한 식사 서비스를 제공하는 것이고 길가의 작은 식당, 농가식당, 이동식과 단일 간식 등 음식서비스를 가리킨다.
		6299	기타 음식업

출처 : 윤경재(2020), 중국 외식산업의 분류 : 중국 경제업종 분류표를 바탕으로, 외식경영연구

　　중국 국가표준 국민경제업종 분류표는 유엔의 국제표준산업분류를 기초로 작성되었다. 중국 숙박 및 외식업코드는 우리나라 통계청의 표준산업 분류표의 대분류(H)에 해당하는 부분이며, 대분류의 숙박 및 외식업(62)으로 분류하고, 중분류의 레스토랑 서비스업(621), 패스트푸드 서비스업(622), 음료 및 냉음료 서비스(623), 음식배송 및 테이크 아웃 서비스(624), 기타음식업(629)으로 구분하였다.

03
외식산업의 특징

외식산업은 인간이 삶을 영위하기 위해 꼭 필요한 요소인 의·식·주(衣·食·住)에 속한 중요한 산업이다. 인간은 먹지 않고는 살 수 없으며 지구상에 인류가 존속하는 한 식(食)에 관련한 사업은 형태의 변화는 있을 수 있으나 인류와 함께 지속될 것이다.

외식산업은 다음과 같은 특징을 가진다.

1. 인적 서비스 산업

외식산업은 전통적으로 인력의존도가 높은 산업이며 산업특성상 생산의 자동화의 한계와 서비스부문의 인적 의존성이 높다. 상품(음식)을 만들고 이를 전달(서비스)하는 부분에 있어 현대사회는 이를 로봇이나 AI로 대체하고 있으나 인적 요소를 대체하는 데는 한계가 있다.

고용정보원[1]의 자료에 따르면 기술이 발달하여도 자동화 대체 확률이 낮은 직업 중에 음식서비스업이 포함되어 있다. 모든 서비스를 사람이 직접 제공하기 때문에 근무자의 태도와 매너가 상품과 서비스에 영향을 준다. 이에 따라 근무자의 직업적성이 중요하며 교육이 중요하다.

2. 독점기업이 지배하지 않는 기업

다른 사업에 비해 규모와 인적 구성원이 한정되어 있기 때문에 적은 인원으로도 사업을 구성할 수 있고 표준화를 통한 복제가 가능하여 프랜차이즈사업에 적합하다.

우리나라 프랜차이즈 사업의 규모는 전체 프랜차이즈 가맹사업 중 외식업 비중이 60% 이상으로 미국, 일본에 비해 높은 비중을 차지하고 있다. 그러나 낮은 진입장벽으로 인한 레드오션(red ocean)의 시장으로 우리나라는 미국, 일본에 비해 인구대비 외식업소가 더 많아 경쟁이 치열하며 폐업률도 높다.

3. 입지산업

입지와 환경적 요소에 영향을 받는다. 입지란 실제로 외식사업을 하는 장소(location)를 의미한다. 외식산업은 위치적으로 소비자가 쉽게 접근할 수 있으며 눈에 띄는 장소에 있는 것이 사업에 유리하다. 그래서 충분한 입지타당성을 분석하여 창업하는 것이 중요하다.

외식사업에서 가장 중요한 요소는 첫째도 장소(location) 둘째도 장소(location) 셋째도 장소(location)라고 강조하는 만큼 입지의 결정은 사업의 첫 단추를 끼우는 중요한 의사결정이다.

---

1) 한국고용정보원(2016), 2030 미래 직업세계 연구.

그러나 매체의 발달로 과거와 달리 입지가 좋지 않은 곳에서도 상품과 서비스를 바탕으로 소비자를 유입하여 성공하는 사례들도 많으며 SNS를 통해 경험이 공유되는 시대이기 때문에 과거와 달리 입지에 따른 부담감을 많이 해소할 수 있다.

공유주방과 같은 새로운 개념의 외식사업은 입지를 극복하는 새로운 형태의 사업이라고 할 수 있다.

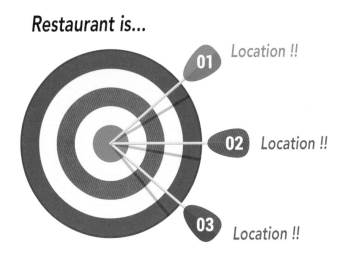

외식사업에서 가장 중요한 입지(location)

4. 유행과 기호에 민감한 사업

외식산업은 소비자의 기호와 유행(trend)에 민감한 사업이다. 또한 기호와 유행은 장기적으로 지속되지 않고 단기적으로 유행하다 유행이 잦아드는 경향이 있다. 이런 기호와 유행을 사업에 반영할 경우 지속가능한(sustainable) 사업을 유지하기 어려워 단발적인 사업에 그치게 된다.

소비자의 기호는 상당히 다양하지만 한편으로는 어떤 음식에 대해 강한 애착과 선호를 보이는 경향이 있다. 이런 애착과 선호가 집중될 때 일시적인 트렌드(counter trend)로 작용하기도 하나 장기적으로 포지셔닝(positioning)되는 상품은 그리 많지 않다. 특정 브랜드나 상품을 거론하지 않아도 유행하던 상품과 브랜드가 어느 시점에서는 찾아보기 힘들게 되는 것이 현실이다.

그래서 외식사업에 있어 상품개발은 트렌드(trend)를 고려하여 개발하여야 한다. 너무 초기에 시장에 진입하여 제품을 알리려면 광고 비용이 많이 들고 너무 늦게 진입할 경우 경쟁이 심화되고 자본력 경쟁구도로 출혈경쟁이 생길 수 있다. 사업의 성공 여부는 상품력이 얼마나 강하며 지속될 것인가에 따라 달라지는 것이 현실이므로 성공을 위해서는 꾸준한 시장조사와 개발(R&D)이 중요하다.

04
외식산업의 현황과 전망

1. 외식산업 현황

1) 해외 외식산업 현황

전 세계 외식산업 시장의 규모는 2019년 기준 2조 6천억 유로(€)로 성장률은 연 5%대의 성장률을 보여왔다. 이 중 우리나라가 속해 있는 아시아퍼시픽(APAC)[2] 지역의 외식산업 규모는 전 세계 시장규모의 45%를 차지하는 큰 시장이다.

---

2) 아시아 태평양은 태평양 서부 연안지역을 가리키며, 동아시아, 동남아시아, 오스트레일리아, 오세아니아를 포함한다(위키백과).

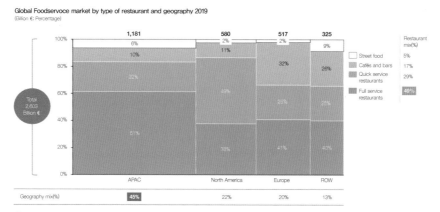

Global Foodservoce market by type of restaurant and geography 2019
(Billion €: Percentage)

출처 : Deloitte, Foodservice Market Monitor

전 세계 외식시장 규모

아래의 그래프는 전 세계 국가 중 높은 점유율을 차지하는 국가의 외식시장 규모와 서비스 유형별 점유율을 나타낸 것이다. 아래 그래프의 제일 상단의 숫자는 시장규모를 나타내며 일본은 우리나라의 약 1.5배, 미국은 약 7.5배의 규모이다.

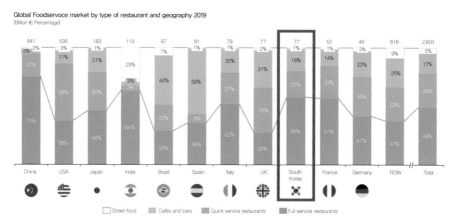

Global Foodservoce market by type of restaurant and geography 2019
(Billion €: Percentage)

출처 : Deloitte, Foodservice Market Monitor

유형별 비교

2) 국내 외식산업 현황

(1) 외식산업규모

우리나라의 외식산업규모는 2021년 한국농수산식품유통공사가 발간한 『2021년도 식품사업 주요통계자료』에 따르면 음식점업은 2019년 144.4조원으로 2018년 대비 3.5% 증가하였다. 식품산업(식품제조업을 포함한) 전체 규모는 270.9조원이며 식품유통까지 합한 규모는 535.5조원(담배·도소매업 제외)으로 2018년 대비 성장한 것으로 집계되었다.

통계청에 따르면 2019년 서비스업 전체 매출액 중 음식점업 매출액이 차지하는 비중은 6.6%이며 사업체 수는 727,377개 총 2,191,917명이 종사하는 것으로 나타났다. 음식점업 사업체 수는 2019년 727,000개로 2009년 대비 25.3% 증가하였고 사업체당 매출액은 2019년 1억 9천9백만원으로 2009년 대비 64.9% 증가하였다.

음식점 및 주점업 사업체 수, 종사자, 매출액 (단위 : 천개, 천명, 십억원, 백만원/개소, 백만원/명, 천원/m²)

구분	2009	2010	2011	2012	2013	2014	2015	2016	2017	2018	2019
사업체 수(A)	581	586	607	625	636	651	657	675	692	709	727
종사자 수(B)	1,601	1,609	1,684	1,753	1,824	1,896	1,945	1,989	2,037	2,139	2,192
매출액(C)	69,865	67,566	73,507	77,285	79,550	83,820	108,829	118,829	128,300	138,183	144,392
※업체당 매출액(C/A)	120.4	115.2	121.1	123.7	125.1	128.8	164.4	176.0	185.5	194.9	198.5
※1인당 매출액(C/B)	43.6	42.0	43.7	44.1	43.6	44.2	55.5	59.8	63.0	64.6	65.9
※건물 연면적(m²)당 매출액	1,145.9	913.1	1,154.9	1,220.6	1,239.3	1,239.3	1,264.5	1,566.2	1,749.7	1,712.8	1,708.3

출처 : 통계청 서비스업조사

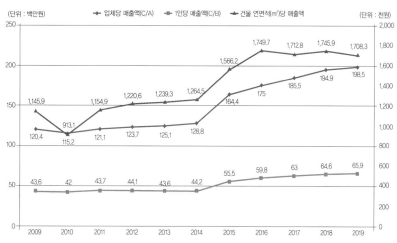

출처 : 한국농수산식품유통공사

　　사업체의 84.6%에 달하는 5인 미만 소규모의 음식점업체의 종사자 비중은 전체의
60%, 매출액 비중은 47.7%이며 10인 이상 대규모 음식점업체의 매출액 비중은 24.1%
이다. 즉 우리나라 외식업은 과반수 이상이 소규모 음식점이며, 영세한 규모의 업체가
많다(2019년 전체 사업자 중 39.7%가 연 매출 1억 미만으로 월 1천만 원도 판매하지
못하는 외식업체가 많다). 반면 연매출 10억 이상의 사업체는 5만 3천 개로 전체 사업
체 중 7.3%를 차지하고 있다.

숙박 · 음식점업 주요 지표

(단위 : 개, 명, 십억원, %)

업종별		사업체 수			종사자 수			매출액		
		2018년	2019년	증감률	2018년	2019년	증감률	2018년	2019년	증감률
숙박 · 음식		766,315	785,664	2.5	2,326,716	2,384,933	2.5	151,639	159,445	5.1
	숙박	57,301	58,312	1.8	187,944	192,906	2.6	13,456	14,525	7.9
	음식 · 주점	709,014	727,352	2.6	2,138,772	2,192,027	2.5	138,183	144,920	4.9

출처 : 통계청

(2) 외식업종

사업체는 한식일반 음식점(19만 개), 커피전문점(7만 6천 개), 기타주점업(7만 6천 개), 매출액으로는 한식일반 음식점업(35.8조원), 한식 육류요리 전문점(19.5조), 커피전문점(11.1조원)이 음식점업의 상위 3개 업종으로 집계되었다.

음식점 및 주점업의 사업체 수 및 매출액별 상위업종(2019)

사업체 수별 순위				매출액별 순위			
순위	업종	사업체 수 (개)	매출액 (십억원)	순위	업종	사업체 수 (개)	매출액 (십억원)
1	한식일반음식점업	190,476	35,790	1	한식일반음식점업	190,476	35,790
2	커피전문점	76,145	11,068	2	한식 육류요리 전문점	74,536	19,471
3	기타 주점업	75,543	7,552	3	커피전문점	76,145	11,068
4	한식 육류 요리 전문점	74,536	19,471	4	기관 구내식당업	11,203	10,521
5	김밥 및 기타 간이 음식점업	44,495	5,695	5	기타 주점업	75,543	7,552
6	치킨 전문점	37,508	6,201	6	한식 해산물요리 전문점	29,544	6,983
7	한식 해산물 요리 전문점	29,544	6,983	7	피자 햄버거 샌드위치 및 유사 음식점업	20,290	6,759
8	일반 유흥 주점업	29,448	2,896	8	중식 음식점업	25,615	6,283
9	중식 음식점업	25,615	6,238	9	치킨 전문점	37,508	6,201
10	한식 면 요리 전문점	22,669	3,703	10	제과점업	21,470	5,978

출처 : 한국농수산식품유통공사

2019년 음식점업 중 프랜차이즈 사업체 비중이 높은 업종은 치킨 전문점(68.5%), 피자, 햄버거, 샌드위치 및 유사 음식점업(61.4%) 순이며, 가장 낮은 업종은 한식 음식점업(9.7%)으로 나타났다. 업체당 영업이익은 프랜차이즈가 비프랜차이즈에 비해 높으며, 프랜차이즈의 경우 외국식 음식점업이 3억 9천7백만원, 비프랜차이즈의 경우 제과점업이 3억 7천4백만원의 높은 영업이익을 보이고 있다.

(3) 외식산업의 변화와 추세

〈온라인서비스〉

2020년 온라인을 통한 음식서비스의 거래액은 17.3조원으로 전년대비 78.0% 증가하였으며 총 거래액의 10.9%를 차지하고 있다. 특히 배달서비스의 비중이 높으며 이는 코로나19의 영향으로 인한 사회적 환경변화에 따른 것으로 보인다.

〈생산유발효과의 상관관계〉

2019년 우리나라에서 외식산업의 생산유발계수(2.160)는 2015년 대비 상승하였다. 즉 2019년 외식산업이 10억 성장하면 모든 직간접 사업에 21.6억원, 농림산업 부분에는 1.3억원의 생산유발효과가 발생한다. 외식산업의 성장은 이렇듯 관련 산업과 깊은 연관성을 가지고 있다.

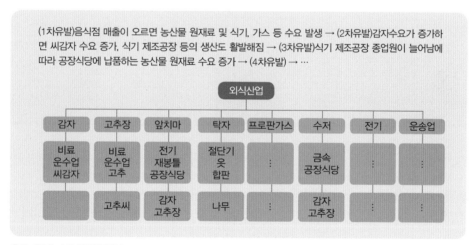

출처 : 한국농수산식품유통공사

외식산업이 농림어업에 생산을 유발하는 과정

⟨추세변화⟩

외식업 세세분류 업종별 사업체, 종사자, 출하액(2018, 2019)

산업별	2018			2019		
	사업체 수(개)	종사자 수(명)	매출액(백만원)	사업체 수(개)	종사자 수(명)	매출액(백만원)
음식점 및 주점업	709,014	2,138,772	138,183,129	727,377	2,191,917	144,391,991
음식점업	506,407	1,647,466	114,868,886	518,794	1,674,179	120,065,179
한식 음식점업	313,562	944,568	63,132,792	317,225	956,829	65,947,501
한식 일반 음식점업	188,565	539,764	34,572,560	190,476	545,848	35,790,474
한식 면 요리 전문점	22,028	61,497	3,535,730	22,669	65,942	3,703,156
한식 육류 요리 전문점	72,878	251,831	18,134,259	74,536	254,553	19,471,146
한식 해산물 요리 전문점	30,091	91,476	6,890,243	29,544	90,481	6,982,725
외국식 음식점업	55,136	240,316	16,148,805	58,386	238,904	16,549,125
중식 음식점업	24,546	92,334	5,802,680	25,615	95,963	6,282,830
일식 음식점업	13,436	58,697	4,451,432	13,982	56,548	4,432,859
서양식 음식점업	12,607	70,712	4,783,493	13,540	67,130	4,710,015
기타 외국식 음식점업	4,547	18,573	1,111,200	5,249	19,263	1,123,421
기관 구내식당업	11,325	72,258	10,113,324	11,203	68,233	10,521,197
기관 구내식당업	11,325	72,258	10,113,324	11,203	68,233	10,521,197
출장 및 이동 음식점업	563	2,441	159,807	621	2,811	186,361
출장 음식 서비스업	563	2,441	159,807	621	2,811	186,361
기타 간이 음식점업	125,821	387,883	25,314,158	131,359	407,402	26,860,995
제과점업	19,390	75,988	5,936,409	21,470	79,871	5,977,521
피자, 햄버거, 샌드위치 및 유사 음식점업	19,017	96,332	6,168,086	20,290	100,808	6,758,639
치킨 전문점	36,791	88,330	5,365,202	37,508	93,199	6,200,994
김밥 및 기타 간이 음식점업	43,212	107,975	5,191,216	44,495	113,232	5,695,228
간이 음식 포장 판매 전문점	7,411	19,258	2,653,245	7,596	20,292	2,228,622
주점 및 비알코올 음료점업	202,607	491,306	23,314,243	208,583	517,738	24,326,812
주점업	119,162	258,587	12,437,010	114,970	254,996	11,875,208
일반유흥 주점업	29,905	72,374	2,997,373	29,448	71,196	2,896,332
무도유흥 주점업	1,934	7,740	411,697	1,944	7,147	375,833
생맥주 전문점	7,562	18,062	919,172	8,035	20,284	1,050,923
기타 주점업	79,761	160,411	8,108,768	75,543	156,369	7,552,120
비알코올 음료점업	83,445	232,719	10,877,233	93,613	262,742	12,451,604
커피전문점	66,231	197,088	9,687,014	76,145	224,328	11,067,973
기타 비알코올 음료점업	17,214	35,631	1,190,219	17,486	38,414	1,383,631

출처 : 통계청

2. 외식시장 전망

2019년 후반부터 시작된 코로나사태로 인한 전 세계적인 대유행(pandemic)은 외식시장에 큰 영향을 주었다.

매년 성장 추세에 있던 외식시장의 규모가 두 자리대의 높은 하락률을 보였다. 외식시장의 하락은 내식의 증가를 가져왔으며 간편식과 HMR, 밀키트(meal kit)와 같은 대체 상품의 판매가 증가하였다. 글로벌 시장조사기관 얼라이드마켓리서치에 따르면 글로벌 HMR 시장은 2023년 1,462억달러(약 176조 1,700억원) 규모로 성장할 것으로 전망하며, 국내의 경우 한국농식품유통공사와 한국농촌경제연구원에 따르면 국내 HMR 시장은 2022년에 5조원이 넘을 전망이다.

이렇게 전체 외식시장의 침체 속에서도 변화와 성장이 관측되어 시장이 자리 잡게 된다면 외식시장은 수년 내 다시 성장세로 회복될 것이라는 예측을 하고 있다.

다음의 그래프는 2019년부터 2024년까지의 외식시장전망에 대한 예측을 나타낸 것이다. 코로나(covid19) 전에는 매년 가파른 성장세로 예측되었던 반면, 코로나 1차, 2차 대유행 때는 큰 하락이 관측되었으며 시장의 변화를 통해 조금씩 회복되어 다시 성장세에 접어들 것으로 예측하고 있다.

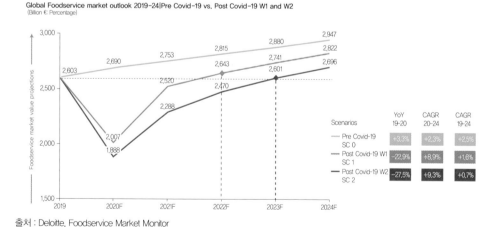

출처 : Deloitte, Foodservice Market Monitor

Deloitte의 전 세계 외식시장 전망

우리나라는 특히 외식시장에서 배달시장이 최근 무척 높은 수준의 성장세를 보여 왔으며 외식시장에서 상대적으로 높은 점유율을 수년째 유지하고 있다. 통계청의 자료에 따르면 음식 배달서비스의 거래규모가 2017년 2.7조원에서 2019년 9.7조원으로 약 256% 성장하였다.

이에 따라 온라인 배달 플랫폼의 매출규모가 외식산업에서 차지하는 비율이 매우 높아졌으며 사업의 형태도 기존 오프라인의 내점형 외식업소에서 온라인을 이용한 배달전용의 매장이나 주방만으로 구성된 공유주방이 새로운 사업형태로 자리 잡았다.

음식 배달뿐 아니라 온라인을 통한 농축수산물의 온라인 배달도 증가하여 신선식품, 채소류 등 농축수산물의 거래액도 지난 2년간 2.4조원에서 3.5조원으로 46% 가까이 증가하였다.

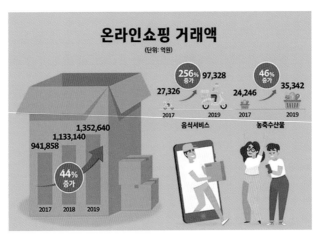

출처 : 통계청 온라인쇼핑 거래액

온라인 쇼핑 증가추세

3. 외식 트렌드

모든 사업이 그러하듯 소비자를 대상으로 하는 사업은 그 기호와 선호도를 파악하는 것이 중요하다. 즉 소비자의 니즈(needs)를 파악하는 것이 소비자가 기업을 선택하게 하는 중요한 요소이다. 이런 소비자의 니즈는 유행으로써 사회 전반에 확산되는데 이런 현상을 트렌드라고 한다. 트렌드란 일반적으로는 '경향, 추세, 방향'이라는 의미로 여러 분야에서 사용되는 용어이다.

외식 트렌드는 하나의 생활양식(life-style)으로서 문화현상이다. 라이프 스타일은 개인과 사회의 변화와 연관이 있으며 이에 따른 상품과 식생활에 영향을 끼친다. 또한 세대에 따라 저마다 다른 트렌드를 가질 수 있어 매우 다양한 요소를 가지고 있다.

예를 들어 MZ세대의 식생활의 변화 트렌드는 기성세대의 식생활과 차이가 있다.

MZ세대, '저당·저염·저탄수'... 헬시 플레저 열풍

코로나19 시대, 건강에 대한 인식이 높아지면서 MZ세대를 중심으로 헬시 플레저(Healthy Pleasure)가 새로운 소비 트렌드로 떠오르고 있다. 이 같은 현상에 저탄수화물 제품 매출액이 지난 10월 기준 전년대비 적게는 80%에서 많게는 2000% 이상 증가세를 보인 것으로 나타났다.

최근 '헬시 플레저'열풍이 일면서 염분과 당분을 낮춘 제품이 주목받고 있다.

6일 아이허브의 발표에 따르면 무설탕 제품의 경우엔 20~200% 성장세이며 특히 케첩, 샐러드 드레싱 등 평소 식탁에 자주 오르는 소스류에서 저당 제품에 대한 관심이 갈수록 높아지는 추세에 있다.

이에 식품업 전문가들은 이 같은 현상에 최근 MZ세대를 중심으로 새로운 소비 트렌드로 떠오르고 있는 헬시 플레저(Healthy Pleasure)와의 연관성으로 해석하고 이에 따른 저탄수 식품을 제안했다. 먼저, '헬시 플레저'란 지속가능한 건강을 위해 운동뿐 아니라 식생활도 케어하며 건강관리에서 즐거움을 찾는 사람들을 일컫는다.

MZ세대들에게 건강관리가 더 이상 선택이 아닌 필수가 되면서 식료품 구매 시 염분 함량과 통곡물 비율부터 당류를 줄일 수 있는 '알룰로스'가 대체된 식품인지 등을 꼼꼼히 따져보고 구매하는 스마트 컨슈머들이 늘고 있다.

실제로 유튜버 박수영씨는 "최근 디저트를 먹고 급격히 혈당이 떨어져 피로를 동반하는 슈가크래쉬 현상을 겪은 뒤 식료품 전부를 교체했다"며 "저당잼이나 당도와 염분이 적은 땅콩 스프레드 등을 해외 직구몰인 아이허브에서 정기적으로 구매하고 있다"고 말했다.

빵이나 비스킷에 발라 먹는 잼류들은 대표적인 당분이 높은 위험 제품. 이런 당 섭취를 줄이기 위해 알룰로스, 에리스리톨과 같은 감미료가 함유된 식품들이나 당도가 낮은 스프레드 제품도 주목받고 있다. 설탕 대신 100% 과일 스프레드를 담은 상달프 와일드 블루베리 스프레드, 염분과 당을 모두 낮춘 피프티50 저혈당 땅콩 버터 등이 인기다.

가공된 곡물, 감자, 포도당이 많이 함유된 고탄수화물은 혈당 증가를 촉진시키고 체내 지방량을 증가시킨다. 탄수화물 섭취를 줄이기 위해 가공되지 않은 통곡물, 글루텐 프리 제품군들이 출시되고 있는데 글루텐 무함유 키토앤코 케이크 믹스는 설탕 대신 에리스리톨을 첨가한 저당 제품. 또 지방 및 글루텐 무함유인 해조류로 만든 씨 탱클 누들 컴퍼니 켈프 누들 등이 베스트셀러다.

고혈압과 심혈관 질환을 유발하는 주범인 나트륨. 하지만 나트륨은 우리 몸에 필요한 성분이기도 하다. 이 때문에 최근에는 나트륨을 적게 섭취하기 위해 염도를 낮춘 소금이나 간장을 활용하는 이들이 많아졌다. 사해에서 직접 공급한 닥터 머레이 퍼펙트 씨솔트는 나트륨 함량이 적어 소금 대체품으로 적합하다.

한편 이들 제품들은 온라인 쇼핑몰 또는 해외 직구 등에서 구입할 수 있다. 식료품이니 구입 전 유통기한 및 얼마나 안전한 배송을 거치는지 꼭 확인하는 것이 좋다.

출처 : 중앙뉴스(http://www.ejanews.co.kr)

외식 트렌드는 특정시점에서 관찰되며 시대에 따라 다양한 트렌드가 존재하고 있다. 그런 반면 외식 트렌드는 과거로 회귀하여 다시 반복되는 움직임을 보이는 특색을 가지고 있다. 그 대표적인 사례는 레트로(retro)[3]이다.

출처 : 동서식품

동서식품의 레트로 마케팅 홍보 자료

레트로와 더불어 생긴 새로운 트렌드는 뉴트로(new-tro)[4]이다. 둘의 공통점은 과거의 유행을 다시 가져온다는 점에서 같으나 미묘한 차이가 있다. 레트로는 4050의 향수를 불러일으키며, 뉴트로는 2030에게 경험해 보지 못한 과거를 세련되게 표현하여 수용하도록 하는 마케팅으로도 활용되고 있다.

	레트로(retro)	뉴트로(new-tro)
의미	과거의 재현	과거의 새로운 해석
적용	옛것에 대한 향수를 복원하여 상품화	옛것을 새롭게 해석하여 환기시킴. 온고이지신

---

3) 레트로는 회상, 회고, 추억을 뜻하는 영어단어 'Retrospect'의 준말로 '옛날의 상태로 돌아가거나 과거의 체제, 전통 등을 그리워하며 그것을 재현하려는 것'을 말한다.
4) 새로움(New)과 복고(Retro)를 합친 신조어로, 복고(Retro)를 새롭게(New) 즐기는 경향을 말한다.

4. 트렌드의 변화

트렌드는 사회·경제 환경의 변화가 소비의 변화로 이어지며 큰 유행으로써 작용하게 된다. 시대와 장소에 따라 트렌드는 다양하며 때로는 전 세계적인 유행이 되기도 한다. 트렌드를 이해하기 위해서는 과거와 현재의 트렌드를 비교하며 환경변화와 트렌드의 변화를 관찰하는 것이 좋다.

과거의 흐름은 현재의 트렌드가 어떻게 자리 잡게 되었는지 이해하게 한다. 예를 들어 2021년의 외식 트렌드인 '홀로만찬'이라는 키워드는 2012년 1인 외식이 등장하며 1인가구의 증가, 비대면의 증가 등이 작용하여 이 트렌드를 만들었다는 것을 이해할 수 있다.

외식 트렌드는 경제와 환경의 영향에 민감하게 작용하는 경향이 있어 이 트렌드가 지속될 것인지 약화될 것인지에 대한 변화요인을 예의 주시하며 트렌드를 관찰해야 한다.

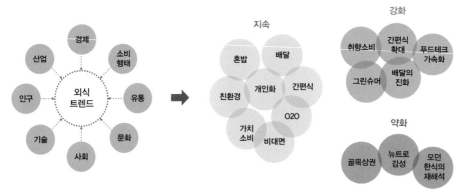

출처 : 식품외식산업 전망대회 발표자료

외식 트렌드의 흐름

5. 외식 브랜드

1) 한식 브랜드

최근의 한식업계는 주로 한정식을 다루는 전통한식과 트렌디한 모던한식으로 나뉘는 추세이다. 서양의 조리법과 플레이팅에 한국의 식재료를 사용한 모던한식은 서울 청담동을 중심으로 현재 가장 주목받는 외식 트렌드 중 하나이다. 따라서 본서에서는 전통 한식당과 모던 한식당을 구분하여 개략적으로 소개하고자 한다.

(1) 전통 한식당

⊙ 용수산

1982년, 개성 출신의 대표가 오픈한 한식당으로 '용수산'이라는 이름은 개성에 있는 명산의 이름에서 따왔다고 한다. 창덕궁 옆에 위치한 이곳은 서울 시내에서는 쉽게 느낄 수 없는 조용한 분위기와 아름다운 경관을 자랑하며, 개성식 한정식으로는 국내에서 유일한 곳이다. 용수산은 한정식 역사상 최초로 코스식 한정식을 선보였으며, 1998년에는 미국 LA 지점을 내고 현재까지 성업 중이다.

출처 : 용수산 홈페이지

⊙ 지화자

1991년 인간문화재 황혜성 교수에 의해 탄생한 대한민국 최초의 궁중음식 전문점
으로, 궁중의 수라상과 궁중에서 열렸던 크고 작은 진연(궁중연회)의 찬품을 재현하고
있다. 황혜성 교수는 자녀들이 모두 한식 연구가이며 궁중음식연구원을 운영하면서
온 가족이 조선왕조 궁중음식의 맥을 잇는 일에 종사하고 있다.

출처 : 지화자

⊙ 한우리

1981년 논현동에서 한식당 서라벌로 개점한 후 1990년에 한우리외식산업으로 개칭
하였다. 현재 본점 한우리와 2004년에 개점한 한우리한정식을 비롯하여 국내 12개, 해
외 9개 지점을 두고 있다. 기업화된 한정식의 가장 성공적인 사례이기도 하다.

출처 : 한우리 홈페이지

◉ **발우공양**

2015년 뉴욕타임스가 정관스님의 음식을 '세계에서 가장 고귀한 음식'이라고 칭송한 후 한국의 사찰음식은 세계의 주목을 받게 되었다. 현재 한국에서 사찰음식으로 가장 이름을 알린 곳이 서울 종로구의 발우공양으로, 한국불교문화재단에서 직영으로 운영하고 있다. 2019년 미쉐린 가이드에서 별 하나를 획득했으며, 사찰음식 교육과정도 운영하고 있다.

출처 : 한국관광공사/미쉐린 가이드

⊙ 필경재

　15세기 조선 성종 때 건립된 고택으로 500여 년의 역사를 가진 필경재는 1987년 전통건조물 제1호로 지정되었으며 1999년부터 궁중음식 전문점으로서 명맥을 이어오고 있다. 세종대왕의 직계 후손이기도 한 이병무 대표와 궁중음식 전문가인 그의 부인이 운영하고 있으며, 한국을 방문한 세계적인 명사들과 외교관들이 가장 많이 찾는 한정식집이기도 하다.

출처 : 필경재

(2) 모던 한식당

⊙ 정식당

　2008년 서울 신사동에서 시작하여 현재 뉴욕에도 진출한 정식당은 모던 한식의 시작을 알린 레스토랑이며, 재미교포가 아닌 한국 국적으로 최초로 뉴욕에서 미쉐린 가이드 별 두 개를 획득한 기념비적인 레스토랑이기도 하다. 오너셰프 임정식은 현재도 뉴욕과 서울을 오가며 정식당과 재춘옥, 정식카페 등을 운영하며 모던 한식의 영역을 넓히고 있다.

출처 : 정식당 홈페이지

◉ 밍글스

　2013년 오픈하여 현재 미쉐린 가이드 별 두 개를 획득하고 아시아 베스트 레스토랑 50에 매년 이름을 올리고 있는 밍글스는 정식당과 더불어 모던 한식을 대표하는 레스토랑이다.

　오너셰프 강민구는 미국과 스페인을 오가며 수련을 쌓고 다양한 레스토랑 오픈 프로젝트를 수행하며 자기만의 색깔을 입혀 전혀 새로운 형태의 한식을 보여준다. 강민구 셰프는 아시아 베스트 셰프 50인이 꼽은 최고의 셰프 1위에 오르기도 했으며, 현재 홍콩에도 한식당 '한식구'를 운영 중에 있다.

출처 : 트립닷컴

⊙ 가온

　도자기 기업 광주요가 2003년 오픈한 가온은 현재 서울에서 신라호텔 라연과 더불어 단 두 개 있는 미쉐린 가이드 3스타 레스토랑이며 모던 한식의 개념이 없던 시절부터 실험적인 한식을 선보여 온 모던 한식의 조상 격인 곳이다. 광주요 그룹은 현재 한식주점 '비채나', 전통방식 증류주 '화요'와 더불어 광주요만의 그릇까지, 음식 · 술 · 그릇의 삼박자를 모두 갖추고 한식의 위상을 높여가고 있다.

출처 : 미쉐린 가이드

⊙ 104(백사)

　백사는 최고급 제철 식재료로 예술작품과도 같은 한식을 만들어내는, 현재 한국에서 가장 비싼 고가의 한식 파인다이닝 레스토랑이다. 오너셰프 이종국은 미술을 전공했던 사람답게 뛰어난 플레이팅과 다양한 식재료로 한식을 예술로 승화시켰다는 평을 듣고 있으며, 외국의 유명 셰프나 할리우드 스타, 유럽의 왕족 등 많은 셀럽들이 가장 먼저 찾는 한식당으로 유명하다.

출처 : 백사

◉ 온지음 맛공방

　전통문화연구소 온지음이 운영하는 모던 한식 레스토랑으로, 방장 조은희 셰프는 아시아의 여성 셰프 22인에 꼽히기도 했다. 모던 한식당 중 가장 한국적인 색채가 강한 곳이며 전통과 모던의 경계면에 있다는 평을 받는 온지음은 미쉐린 가이드 서울 2022에서 별 하나를 획득했다.

출처 : 온지음

2) 양식 브랜드

⊙ 나인스게이트

　조선시대 때 하늘에 제사를 지내던 환구단이 보이는 곳에 위치한 나인스게이트는 한국에서 가장 오래된 호텔인 조선호텔 내에 위치한 곳으로 한국 프랑스 요리의 역사 그 자체라고 할 수 있을 만큼 그 위상이 높다. 깊은 역사만큼이나 중후한 프렌치를 선보이는 곳이나 최근에는 가볍고 트렌디한 요리 스타일을 보이고 있다.

출처 : 네이트뉴스/동아일보

⊙ 라미띠에

　셰프들의 셰프라 불리는 서승호 셰프가 1999년 개업하여 2006년부터 현재까지 장명식 셰프가 이끌어가는 프렌치 레스토랑으로, 한국산 식재료에 프렌치식 조리법을 적용한 최초의 레스토랑이기도 하다. 미쉐린 가이드 서울 2022에서 별 하나를 획득했으며 수없이 많은 셰프들을 배출해 냈다.

출처 : 라미띠에 홈페이지

◉ 라싸브어

　오랫동안 서래마을을 대표해 온 프렌치 레스토랑으로, 오너셰프 진경수는 한국의
프랑스 요리유학 1세대이며 르 꼬르동 블뢰 파리 본교 최초의 동양인 수석졸업생이기
도 하다. 이곳은 김치를 아예 들여놓지 않을 만큼 정통 프렌치 퀴진을 추구하며 정통
답게 과감한 풍미와 그에 맞는 와인 페어링으로 여전히 최고의 정통 프렌치를 고수하
고 있다.

출처 : 라싸브어

⊙ 라쿠치나

1990년 남산에 개업한 이후 30년 넘도록 같은 자리를 지켜온 라쿠치나는 한국 이탈리안 요리의 역사 그 자체라고 할 수 있다. 국내 유일 레스토랑 평가지인 블루리본과 세계적인 레스토랑 평가지 자갓 레이티드에서 꼽은 서울의 고급 레스토랑에 선정되기도 했으며, 할아버지·아버지·손주 등 3대가 대를 이어서 찾아오기도 할 만큼 세대를 초월해 공감할 수 있는 요리를 선보이고 있다.

출처 : 라쿠치나 홈페이지

⊙ 레스쁘아 뒤 이브

정통 프렌치 비스트로인 레스쁘아 뒤 이브는 유행에 흔들리지 않는 클래식 프렌치 메뉴로 꾸준한 사랑을 받아왔다. 오너셰프 임기학은 테린과 파테 등 한국인들에겐 다소 생소한 프랑스 전통 숙성 육가공 제품도 직접 만들어 소개하고 있으며, 미쉐린 가이드 별 하나를 유지하고 있다.

출처 : 레스쁘아 뒤 이브

◉ 무슈벤자민

미국 최고의 프렌치 레스토랑 '프렌치 론드리'의 헤드셰프 출신이자 현재 샌프란시스코의 미쉐린 3스타 레스토랑 '베누'의 오너셰프인 코리 리의 비스트로 컨셉 레스토랑으로, 샌프란시스코 본점에 이은 두 번째 지점이다. 뉴욕의 3스타 레스토랑 '퍼 세 (Per Se)' 출신의 안진호 헤드셰프와 무슈벤자민 본점의 김선우 셰프가 세미 파인다이닝 수준의 메뉴를 합리적인 가격에 판매하여 가성비를 높였으며 미국식 캐주얼 다이닝을 고급스럽게 연출했다는 평을 받고 있다. 음식뿐 아니라 수준 높은 칵테일로도 유명하다.

출처 : 무슈벤자민서울 홈페이지

⊙ 아웃백스테이크하우스

1988년 미국에서 설립되어 1997년 한국에 상륙한 이래로 아웃백스테이크하우스는 한국 패밀리 레스토랑의 대표주자로 자리매김해 왔으며, 현재 전국에 80여 개의 지점을 두고 있다. 타 패밀리 레스토랑 브랜드와는 다르게 센트럴 키친을 두지 않고 모든 메뉴를 매장 내에서 자체 생산하고 있으며, 패밀리 레스토랑 비즈니스가 하향세를 보이는 최근에는 '프리미엄 다이닝'으로 브랜드 이미지를 리포지셔닝하였다.

출처 : 아웃백스테이크하우스 홈페이지

⊙ 리스토란테 에오

이태리 전역과 밀라노 포시즌스 호텔에서 경험을 쌓고 돌아온 어윤권 셰프는 한국 이탈리안 요리의 일인자로 인정받는다. '어씨의 식당'이라는 뜻의 에오는 그의 요리철학 그대로 조미료를 최소화하여 재료 자체의 맛을 최대한 살려내는 요리를 선보이고 있다.

출처 : 리스토란테 에오 홈페이지

◉ 타코벨

KFC, 피자헛 등을 소유한 글로벌 외식기업 염!브랜드(YUM!Brands)의 캐주얼 멕시칸 브랜드로 국내에서는 캘리스코가 11개 매장을 운영관리하고 있다. 대표적인 멕시칸 음식인 타코, 브리또, 퀘사디아 등을 합리적인 가격에 판매하고 있으며, 최근에는 미국 전역에서 월 10달러를 내면 30일간 매일 타코 1개를 먹을 수 있는 정기구독 서비스를 출시하여 화제가 되고 있다.

출처 : 타코벨 홈페이지

⊙ 빕스

1997년 개업한 CJ푸드빌의 패밀리 레스토랑으로 스테이크와 파스타, 샐러드 등이 제공되며 국내 브랜드로는 처음으로 패밀리 레스토랑에 샐러드바 형식을 도입했다. 한때 매장 수가 117개에 달했으며, 아웃백스테이크하우스, 베니건스, TGIF 등과 더불어 패밀리 레스토랑을 대표하는 브랜드였으나 현재는 그 위세가 많이 하락하여 전국에 45개의 매장이 운영되고 있다. 그러나 여전히 자생 브랜드로서 국내형 패밀리 레스토랑의 명맥을 이어가고 있다.

출처 : 씨제이푸드빌 홈페이지/이코노믹리뷰

3) 아시안 푸드

⊙ 도원

플라자호텔에 위치한 모던 중식당으로, 기존의 기름진 중식이 아닌 냉채, 구이, 찜 등의 '오일 프리' 조리법을 사용하여, 건강한 중식을 지향하고 있다. 플라자 호텔의 레스토랑 중 가장 수익을 많이 내는 곳이기도 하며 매년 100여 가지의 메뉴를 개발하여 상품화할 정도로 연구개발에 많은 비용과 시간을 투자하고 있다.

출처 : 도원

◉ 딘타이펑

대만에 본사를 둔 딤섬 전문 레스토랑으로 전 세계에 171개의 매장이 있고 국내에는 2005년 처음 들어온 후 현재 5개의 매장이 운영되고 있다. 한국에 소룡포 열풍을 불게 하였으며 '세계에서 가장 가보고 싶은 레스토랑 100'에 이름을 올리기도 했다.

출처 : 딘타이펑 홈페이지

⊙ 스시효

신라호텔 '아리아케'를 국내 최고수준의 일식당으로 만든 안효주 셰프가 2003년 독립하여 개업한 초밥 전문점으로 전통방식의 초밥뿐만 아니라 푸아그라 등의 서양 식재료를 활용한 초밥도 제공한다. 일본의 유명 만화 '미스터 초밥왕'에도 소개된 안효주 셰프는 한국의 초밥왕으로 일본에서도 그 실력을 인정받고 있다.

출처 : 스시효

⊙ 스시히로바

2002년 오픈한 국내 최초의 회전초밥 전문점으로 국내에 14개 지점과 해외에 2개 지점을 운영하고 있는데 이는 회전초밥 브랜드 중 가장 큰 규모이다. 초밥뿐만 아니라 일식 거의 대부분의 요리를 고루 제공하며, 체계적인 직원교육 매뉴얼, 접시 색깔에 따른 가격, 공기정화시스템 등 기업화된 일식 프랜차이즈 시스템의 모범을 보이고 있다.

출처 : 스시히로바

◉ 에머이

　2015년 개업한 베트남 하노이식 전문점으로 전국에 150여 개의 프랜차이즈 가맹점을 거느린 국내 최대의 베트남 음식 전문점이다. 베트남에서 온 현지 셰프가 맛을 내고 가격 또한 저렴하여 타 베트남식 브랜드에 비하여 후발주자이지만 상위권을 지키며 선전하고 있다.

출처 : 에머이

◉ 코지마

재료 본연의 맛을 최대한 살리는 코지마 스시는 신라호텔 '아리아케' 출신의 박경재 셰프가 2014년에 오픈한 초밥전문점으로 국내 최고가격을 자랑한다. 철저한 예약제로만 운영되며 2022년 현재 미쉐린 가이드 별 두 개를 유지하고 있다.

출처 : 코지마

◉ 콰이찬

2019년 작은 중식배달 전문점으로 출발한 콰이찬은 2022년 현재 8개의 직영점만으로 연매출 100억원을 달성하였으며, 한식, 양식, 일식 등 10개가 넘는 브랜드를 거느린 외식기업을 이루었다. 정치외교학을 전공한 유정우 대표는 인센티브, 초과이익 공유제 등 기존의 외식기업에서 시도하지 않았던 과감한 직원복지를 펼치고 있는 기업이기도 하다.

출처 : 콰이찬

◉ 팔선

　한국 최초로 불도장과 샥스핀을 선보인 팔선은 신라호텔을 대표하는 레스토랑으로서 중식조리사의 사관학교라 불릴 만큼 수많은 셰프들을 배출해 왔다. 특히 북경과 광동 지방 요리로는 국내 최고 수준이며, 음식과 더불어 세계적인 미술계 거장들의 예술작품들까지 감상할 수 있다. 중식의 대가인 후덕죽, 여경옥, 왕일신 등이 모두 이곳 출신이다.

출처 : 팔선

⊙ 생어거스틴

2009년 서래마을에 1호점을 오픈한 생어거스틴은 주식회사 늘솜의 브랜드로, 태국 음식을 기반으로 한 아시안 푸드 레스토랑 중 가장 성공한 브랜드로 손꼽힌다. 현재 전국에 42개의 가맹점을 보유하고 있으며, 태국 본토로의 진출을 준비 중이다. (주)늘솜은 2012년에 설립된 법인 외식전문 기업으로 서울 도심 속 리틀 프랑스인 서래마을에서 시작된 국내 최대 아시안 푸드 레스토랑인 '생어거스틴'과 고급 중식 다이닝 레스토랑 '발재반점', 트렌디한 수제맥주펍 '공방'을 성공적으로 운영 중인 젊은 기업이다.

출처 : 생어거스틴 홈페이지

⊙ 온더보더

1982년 미국 텍사스주 댈러스를 시작으로 미국 내 150여 개의 매장을 운영하고 있는 멕시코풍 프랜차이즈 레스토랑으로, 한국에는 (주)제이알더블유가 미국 본사와 프랜차이즈 계약을 맺고 2007년 신촌에 1호점을 오픈하였으며 현재 배달전문 매장 4개를 포함하여 총 17개의 매장을 운영 중에 있는, 명실공히 국내 최고의 멕시칸 레스토랑으로 입지를 굳히고 있다. 최근에는 매장에 AI서빙 로봇을 도입하는 등 변화에 가장 빠르게 적응하는 기업이기도 하다.

출처 : 온더보더 홈페이지

◉ SG 다인힐

1976년 한식당 '삼원가든'으로 시작되어 2007년 SG 다인힐로 재탄생한 외식기업으로, 현재 삼원가든을 포함하여 블루밍 가든, 부쳐스컷, 오스테리아 꼬또 등 7개의 브랜드를 운영하고 있으며, 인도네시아와 미국에 총 3개의 지점을 운영하고 있다. 소점포 다브랜드를 중심전략으로 하고 있으며, 최근에는 RMR(Restaurant Meal Replacement : 레스토랑 간편식)시장에도 진출하여 국내 토종 브랜드의 위상을 키우고 있다.

출처 : SG다인힐 홈페이지

⊙ 서울랜드 외식사업부

　서울랜드 외식사업부는 한일홀딩스그룹에 속한 테마파크 '서울랜드'의 외식사업을 총괄하는 기업으로 미국의 피자 체인 '캘리포니아 피자키친', 수프전문점 '크루통', 한식전문점 '로즈힐' 등을 운영하고 있다. 주력 브랜드인 캘리포니아 피자 키친은 미국을 본사로 세계 10개국에 250개 매장을 운영하는 글로벌 캐주얼 다이닝 레스토랑 브랜드이며, 한국에 10개의 직영 매장을 운영 중에 있다.

출처 : 캘리포니아 피자키친/로즈힐 홈페이지

4) 카페 식음료 분야

⊙ 스타벅스

　1971년 미국 시애틀의 작은 카페에서 시작된 스타벅스는 현재 전 세계에서 가장 큰 커피회사로서 세계 64개국에서 2만 3천여 개의 지점을 운영하고 있으며 한국에는 1999년 이대 1호점을 시작으로 현재 1,600여 개의 매장이 움직이고 있다. '커피가 아닌, 공간을 판다'는 모토 아래 외식업에서 문화마케팅, 내부마케팅 등을 현실화한 최초의 기업으로 인정받으며 타 브랜드와 매출액 면에서 상당한 격차를 보일 만큼 현재 국내 1위 커피전문점의 입지를 확보하고 있다.

출처 : 스타벅스

◉ 할리스

　1998년 서울 강남에 문을 연 국내 커피전문점 브랜드로 그 이전에 존재했던 '쟈뎅'보다는 할리스를 국내 최초의 프랜차이즈 커피전문점으로 인정하고 있다. 2022년 현재 세계 15개국과 마스터 프랜차이즈 계약을 맺고 해외진출에 성공했으며 국내에서도 453개의 매장이 업계 상위 10위권 내를 지키고 있다.

출처 : 할리스

◉ 테라로사

강원도 강릉에 본점을 둔 국내 스페셜티 커피전문점으로 가맹사업은 하지 않고 직영으로만 국내에 19개 매장을 운영하고 있으며, 공격적인 마케팅 없이도 연매출 400억 원을 기록하는 내실 있는 기업이다. 매장을 오픈할 때마다 독특한 분위기의 인테리어로 주목받았고 현재 일부 지점은 커피를 포함하여 브런치, 다이닝 등 레스토랑의 기능도 수행하고 있다. 특히 김용덕 대표는 장기근속 직원들을 일본이나 기타 커피 산지로 매년 연수를 보내줄 만큼 직원복지를 경영의 중요한 부분으로 간주하는 만큼 직원들의 만족도가 높은 기업이다.

출처 : 한국경제/테라로사 홈페이지

◉ 이디야

2001년 작은 테이크아웃 커피전문점으로 시작한 이디야는 현재 가맹점 3,500개를 돌파했으며 매출액은 2,500억원이 넘는다. 이는 매장 수로는 국내 1위이며 매출액으로는 3위에 이른다. 오픈 초기와는 달리 이디야는 현재 매장의 규모를 키우고 강남에 이디야 커피랩을 운영하면서 브랜드 이미지를 고급화시키면서 명실공히 국내 커피전문점 중 가장 성공한 브랜드로 자리매김했다.

출처 : 이디야 홈페이지

◉ 메가커피

2015년 오픈한 후발주자이지만 저렴한 가격과 대용량을 무기로 창업 5년 만에 매장 수 1,500개를 넘어서서 이디야와 스타벅스에 이어 3위에 올라 있고, 폐점률은 스타벅스보다 낮은 0.7%에 불과할 정도로 우수한 프랜차이즈 커피전문점이다.

출처 : 메가커피 홈페이지

⊙ 블루보틀

2002년 미국 캘리포니아주 오클랜드에 본사를 오픈한 이후로 세계적으로 스페셜티 커피 붐을 일으켰으며, 현재 글로벌 식품기업 네슬레에 인수되었다. 2018년 서울에 1호점을 오픈하여 현재 국내에 총 9개의 매장이 운영되고 있고, 오직 커피에만 집중하라는 의미로 매장 내에 전기콘센트나 와이파이를 설치하지 않았으며, 싱글 오리진 핸드드립을 주력메뉴로 하여 커피 마니아들을 공략하고 있다.

출처 : 블루보틀 홈페이지

⊙ 폴바셋

호주 출신의 바리스타 세계 챔피언 '폴 바셋'과 매일유업이 론칭한 커피전문점으로, 2009년 1호점이 오픈한 이후 현재 매일유업에서 분리독립한 자회사 '엠즈씨드'가 약 100여 개의 지점을 운영하고 있으며 최근에는 캡슐커피 분야에도 진출했다.

출처 : 폴바셋

⊙ 투썸플레이스

CJ푸드빌의 디저트카페 브랜드로 2002년 오픈하여 현재 직영점 160개, 가맹점 1,600개 등 전국에 1,320개의 매장을 운영 중에 있다. 2011년부터 중국시장에 진출하여 현재 100여 개의 매장을 운영 중에 있으며, 한국 커피시장에서 스타벅스를 제외하면 매출수익 1위를 차지하고 있는 브랜드이다.

출처 : 투썸플레이스 홈페이지

⊙ **커피빈**

　1963년 미국 LA에서 시작하여 전 세계 14개국에 400여 개의 매장을 운영하고 있는 글로벌 커피 및 홍차 전문점이다. 한국에는 2000년 1호점이 오픈하였고 현재 직영으로만 전국에 약 290여 개의 매장이 있으며, 홍차까지 전문적으로 취급한다는 점에서 스타벅스와 그 차이가 뚜렷하다.

출처 : 커피빈 홈페이지

⊙ **파스쿠치**

　1883년 이태리의 안토니오 파스쿠치가 개업하였고 한국에는 2002년 SPC그룹의 파리크라상이 라이선스 계약을 맺고 체인점을 운영하고 있다. 현재 약 420여 개 지점이 운영되고 있고 이탈리아 브랜드의 이미지 때문인지 에스프레소의 품질이 좋다는 평을 받고 있다.

출처 : 파스쿠치 홈페이지

◉ 카페아티제

신라호텔의 자회사 ㈜보나비가 직영으로 운영하던 베이커리 카페였으나 2012년에 대한제분이 인수하여 현재 74개 매장을 모두 직영으로 운영하고 있다. 장인을 뜻하는 프랑스어 아티산에서 이름을 가져온 만큼 수준 높은 고급 베이커리류로 유명하며 카페 업계에서 원재료 비용이 타 브랜드보다 10% 이상 높을 정도로 고품질을 유지하고 있다. 전문 감별사가 원두를 산지에서 직접 구해 공수하며 커피 품질을 유지할 정도이며, 이를 반증하듯 매출의 절반 가까이가 아티제 멤버십 회원들로부터 창출될 만큼 충성고객을 많이 확보하고 있는 브랜드이기도 하다. 카페 아티제는 매장당 평균 연매출이 10억 5천만원으로 스타벅스에 이어 국내 2위를 달리고 있다.

출처 : 카페아티제 홈페이지/한국경제(www.hankyung.com), 2021.11.10

⊙ 탐앤탐스

1999년 압구정 1호점을 시작으로 현재 국내에 455개, 해외 9개국에 90여 개의 가맹점을 운영하고 있으며, 국내 커피전문점 최초로 24시간 운영을 시작했고 업계 최초로 HACCP(식품안전관리인증기준) 인증을 받은 곳이기도 하다. 다른 커피 브랜드에 비해 커피보다는 빵 종류에 더 주력하는 모습을 보이고 있으며, 디저트 카페와 스터디 카페 브랜드도 개발하면서 사업을 다각화하고 있다. 탐앤탐스의 창업주 김도균 대표는 '카페베네 신화'로 유명한 강훈 대표와 함께 할리스를 공동창업했던 사업가이며, 그의 여동생 김은희 대표는 '커핀그루나루'의 창업주로, 허니버터브레드를 처음 개발한 사람이기도 하다.

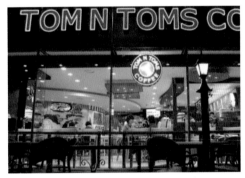 

출처 : 탐앤탐스 홈페이지/뉴시안(www.newsian.co.kr)

⊙ 더부스 브루잉

2013년 서울 경리단길에 피자 겸 맥주가게로 시작하여 현재 국내에서 가장 거대한 수제맥주 전문회사로 성장했다. 다양한 이벤트와 컬래버레이션을 이용한 공격적인 마케팅을 시도하면서 국내 수제맥주 전성시대를 열었다는 평을 받고 있다. 현재 국내에서 5개의 펍 매장을 운영하고 있다.

출처 : 조선비즈/더부스 홈페이지

⊙ 바네하임브루어리

2004년 서울 공릉동의 한적한 주택가에서 시작한 바네하임은 국내 여성 1호 브루마스터이면서 각종 국제맥주대회에서 수상, 심사위원으로도 활동하는 김정하 대표가 자신만의 색깔이 담긴 수제맥주를 합리적인 가격에 제공하는 국내 수제맥주 브루어리 1세대이다. 또한 벚꽃라거, 쌀맥주 등 다양한 맥주개발 프로젝트를 수행하면서 다품종 소량생산이라는 수제맥주 전문점의 이상적 요소를 모두 갖췄다는 평가를 받고 있다.

출처 : 조선비즈/바네하임 홈페이지

5) 베이커리

◉ 파리바게뜨

SPC그룹 계열 파리크라상(주)에서 운영하는 국내 최대의 제과점 프랜차이즈로 1988년 1호점을 오픈한 이후 현재 3,500여 개의 가맹점을 보유하고 있고, 미국, 중국, 싱가포르 등 해외진출도 성공적으로 마쳤다. 2위 브랜드인 CJ의 뚜레쥬르와 매장 수나 매출액 면에서 압도적 우위를 차지한다.

출처 : 파리바게뜨 홈페이지

◉ 뚜레쥬르

CJ푸드빌이 1997년 1호점을 론칭한 이후 2008년 1000호점을 돌파하고 미국과 동남아, 중국시장까지 진출하였으며, 현재 1,600여 개의 가맹점을 보유하고 있다. 파리바게뜨에 밀려 계속 2위 브랜드로 각인되어 있지만 최근 K베이커리 붐에 힘입어 해외시장의 약진이 크고 영업이익 또한 증가하여 새로운 도약을 준비하고 있다.

출처 : 뚜레쥬르 홈페이지

◉ 던킨도너츠

　　1950년 미국 매사추세츠주에서 개업, 전 세계 26개국 11,300여 개의 매장을 거느리고 있으며, 한국에는 1994년 SPC그룹의 비알코리아가 들여와서 현재 900여 개의 매장을 운영 중이다. 최근에는 브랜드 네임에서 도너츠를 삭제하고 '던킨'으로만 표기하면서 도넛보다는 오히려 커피에 집중하는 모습을 보이고 있다.

출처 : 이코노믹리뷰/던킨 홈페이지

◉ 브레댄코

1978년 신라호텔 직영의 '신라명과'로 개업하여 2008년 브랜드명을 '브레댄코'로 개명하고 현재 전국에 50여 개의 가맹점을 운영하고 있다. 타 브랜드와는 달리 주로 병원이나 지하철 역사 안과 같은 특수상권에 주로 입점하고 있으며 '된장발효종'과 같은 자사만의 특화된 기술로 소자본 창업 희망자들에게 인기를 끌고 있다.

출처 : 브레댄코 홈페이지

◉ 명랑시대 쌀핫도그

2016년 부산에서 오픈하여 현재 1,000개가 넘는 가맹점을 운영하고 있으며 미국과 중국, 동남아에도 진출했다. 저렴한 창업비용으로 소자본 창업자들에게 큰 인기를 끌고 있다.

출처 : 명랑시대쌀핫도그 홈페이지

◉ 김영모과자점

대한민국명장회 회장이기도 한 제과명장 1호 김영모 대표는 많은 역경을 이기고 성공을 이룬 한국 베이커리 업계에서 가장 입지전적인 인물로 꼽힌다. 1982년 개업한 후, 현재 7개의 직영점을 운영하고 있으며 국내 최초로 천연 유산균 발효법 개발, 과일을 이용한 발효법 개발 등 끊임없이 발전을 계속하고 있다.

출처 : 김영모과자점 홈페이지

⊙ 나폴레옹과자점

1968년 오픈한 이후 '한국 제과제빵의 사관학교'라고 불릴 만큼 수많은 베이커리 명장들을 배출한 한국 베이커리의 역사와도 같은 곳이다. 현재 직영으로만 서울에 10개의 매장을 운영하고 있으며, 수많은 프랜차이즈 제과점의 파티시에들이 상당수 이곳 출신인 경우가 많다.

출처 : 나폴레옹과자점 홈페이지

⊙ 성심당

1956년 대전에서 오픈한 후 직영점으로만 10여 개의 매장을 운영하고 있고 연매출은 500억원이 넘는다. 2년 연속 대전의 대표 브랜드로 꼽혔고, 가톨릭 이념을 바탕으로 매년 기부활동을 멈추지 않고 있다.

출처 : 성심당 홈페이지

◉ 이성당

　1945년 전북 군산에서 개업한 곳으로 현재 한국에서 가장 오래된 제과점이다. 수도권에 4개의 지점을 보유하고 있긴 하나 군산의 본점이 워낙 유명하여 존재감은 적다. 한국 최초로 팥빙수를 개발한 곳이기도 하며 특히 단팥빵이 유명한데 국내산 팥의 70%가 이곳에서 소비된다고 한다.

출처 : 이성당 홈페이지

⊙ 아우어베이커리

'도산분식'으로 유명한 외식기업 CNP푸드의 베이커리 브랜드로 2016년 압구정동에서 오픈하여 현재 국내 13개, 해외에 7개의 매장을 운영하고 있다. 매장마다 컨셉과 인테리어가 조금씩 다른 개성 강한 베이커리 카페이다.

출처 : 아우어베이커리 홈페이지

이해하기 쉬운 호텔외식경영

work book

워크북은 책에 나오는 중요한 내용들을 다시 정리해 보는 페이지입니다.

1-1.	관광의 정의 중, 우리나라의 관광의 정의와 세계관광기구의 정의에서의 공통점은 무엇인지 서술하시오.

- 위 그림에서 page는 해당 내용이 있는 페이지입니다.
- 위의 예에서 '1-1.은 part 1(1장)의 1.을 의미하며 part-장-절-하위번호 순으로 참고할 페이지를 명시'하였습니다.
- 학습내용은 해당 페이지에서 답을 찾을 수 있습니다.
- 중요한 내용을 다시 정리하면서 복습해 보시기 바랍니다.

2-1-1	외식의 정의에 대해 서술하시오.

2-1-2-1)	외식의 범위와 분류에 대해 서술하시오.

2-1-2-2)	HMR의 분류에 대해 서술하시오

2-1-2-3) 외식산업의 정의에 대해 서술하시오.

2-2-1 한국표준산업에서 음식점업의 분류를 서술하시오.

2-2-2 식품위생법에서 음식점업의 분류를 서술하시오.

| 2-2-3 | 관광진흥법에 의한 분류에서 음식점업의 분류를 서술하시오. |

| 2-2-4-1) | 미국의 외식산업 분류기준을 서술하시오. |

| 2-3-1~4 | 외식산업의 특징 4가지에 대해 서술하시오. |

2-4-1-2) 2021년 기준 한국농수산식품유통공사의 통계자료에 따르면 음식점업의 규모는 얼마인가? 서비스업 전체 매출 중 음식점업 매출액은 몇 %를 차지하는가?

2-4-1-2) 외식산업의 변화 중 온라인서비스의 거래액은 2020년 기준 얼마인가?

2-4-2 우리나라 외식시장 전망에 대해 요약해 보자.

| 2-4-3 | 외식 트렌드의 정의에 대해 정리해 보자. |

| 2-4-3 | 레트로와 뉴트로의 정의해 대해 서술하시오. |

| 2-4-4 | 트렌드의 변화를 관찰하는 방법과 트렌드를 이해하는 방법에 대해 서술하시오. |

| 2-4-5 | 외식 브랜드를 모두 살펴보고 본인이 관심있는 브랜드를 1개 선정하여 특징과 관심요소를 서술하시오. |

연습문제

1 다음 중 외식의 정의에 대한 설명 중 옳은 것은?

① 가정 내에서 음식을 조리하여 먹는 것

② 외국 식당에서 식사하는 것

③ 가정에서 취사를 통하여 음식을 마련하지 아니하고 음식점 등에서 음식을 사서 이루어지는 식사형태

④ 외래 음식의 총칭

2 다음 중 국어사전에서 외식의 정의는 무엇인가?

① 집에서 이루어지는 식사의 모든 행위

② 외부에서 음식을 구매하여 먹는 일 또는 식사

③ 자기 집이 아닌 음식점 등에 가서 사서 먹는 일 또는 식사

④ 자기 집이 아닌 곳에서 구매하여 외부에서 식사하는 일 또는 식사

3 서비스를 제공하는 측면의 산업으로서 미국 외식산업의 또 다른 명칭은 무엇인가?

① Dining out industry ② Hospitality industry

③ Restaurant industry ④ Foodservice industry

4 인간의 의식주에 있어서 식의 범위가 아닌 것은?

① 공간적 의미 ② 상업적 기준

③ 상품의 완성여부 ④ 삶의 필수요건

5   다음 중 외식의 범위가 아닌 것은

① 외식   ② 중식

③ 내식   ④ 특식

6   다음 중 내식의 개념은?

① 외식과 상반되는 개념으로 가정에서 식자재를 구매하여 취사 후 식사
    하는 것

② 중식과 상반되는 개념으로 외부에서 식자재를 구매하여 식사하는 것

③ 반조리 또는 완조리 상태의 음식을 약간의 추가 조리 후 취식 또는 바
    로 취식할 수 있도록 하는 것

④ 자기 집이 아닌 음식점 등에 가서 사서 먹는 일 또는 식사

7   다음 중 중식의 개념은?

① 외식과 상반되는 개념으로 가정에서 식자재를 구매하여 취사 후 식사
    하는 것

② 중식과 상반되는 개념으로 외부에서 식자재를 구매하여 식사하는 것

③ 반조리 또는 완조리 상태의 음식을 약간의 추가 조리 후 취식 또는 바
    로 취식할 수 있도록 하는 것

④ 자기 집이 아닌 음식점 등에 가서 사서 먹는 일 또는 식사

8   다음 중 중식에 속하는 대표적인 예가 아닌 것은?

① HMR   ② meal kit

③ 도시락   ④ 24시간 무인음식점

9 전처리가 완료되어 준비된 식재료와 양념, 소스 등 조리법과 함께 제공하여 간편 조리할 수 있게 만든 상품을 무엇이라 하는가?

① HMR   ② meal kit

③ 도시락   ④ 24시간 무인음식점

10 다음 중 HMR의 분류에 속하지 않는 것은?

① RTH(Ready to heat) : 가볍게 가열하여 먹을 수 있는 음식

② RTG(Ready to go) : 구매 후 바로 가져갈 수 있는 음식

③ RTE(Ready to Eat) : 구매 후 바로 섭취할 수 있는 음식

④ RTP(Ready to Prepared) : 전처리가 된 식품원재료를 제공하는 제품으로 가정에서 바로 조리할 수 있도록 준비하여 제공하는 형태의 식재료

11 다음 중 외식산업의 정의에 대한 설명 중 맞는 것은?

① 가정음식에 대한 조리산업

② 외식목적을 가진 소비자들에게 서비스를 제공하는 산업의 총체

③ 서비스와 메뉴를 판매하는 산업의 총체

④ 식당에서 음식을 조리하는 산업의 총체

12 다음 중 외식산업과 가장 밀접한 관계에 있는 산업은?

① 유통산업   ② 식품산업

③ 물류산업   ④ 식품가공산업

13 우리나라에서 외국식 표기법에 따른 외식산업의 표기는 무엇인가?

① Dining out industry   ② Foodservice Industry

③ Hospitality industry   ④ Restaurant industry

14 다음 중 외식산업의 특징이 아닌 것은?

① 인적 서비스 산업   ② 독점기업이 지배하지 않는 기업

③ 입지산업   ④ 불황이 없는 산업

15 다음 사업은 어떤 사업을 설명한 것인가?

> 다른 사업에 비해 규모와 인적 구성원이 한정되어 있기 때문에 적은 인원으로도 사업을 구성할 수 있고 표준화를 통한 복제가 가능한 사업

① 프랜차이즈   ② 패밀리 레스토랑

③ 카페테리아   ④ 단체급식

16 다음 외식산업의 특징 중 외식사업을 하는 장소를 의미하는 말은 무엇인가?

① 상권   ② 장소

③ 입지   ④ 명소

17 외식산업에 있어 상품개발은 트렌드를 고려하여야 한다. 이런 트렌드를 조사하기 위한 적절한 활동으로 묶인 것이 아닌 것은?

① 시장조사, R&D   ② 시장조사, 마케팅

③ 마케팅, R&D   ④ 시장조사, 광고 · 판촉

18 다음 중 외식 트렌드를 설명한 내용으로 맞는 것은?

① 외식 트렌드는 하나의 생활양식(life-style)으로서 문화현상이다.

② 세대에 따라 동일한 트렌드를 가질 수 있다.

③ MZ세대의 식생활의 변화 트렌드는 기성세대의 식생활과 차이가 없다.

④ 외식소비자의 니즈(needs)를 파악하는 것은 소비자가 기업을 선택하게 하는 것과 관계가 없다.

19 다음 중 과거로 회귀하여 다시 반복되는 움직임을 보이는 특색을 가지고 있는 외식 트렌드를 지칭하는 용어는?

① 뉴트로(new-tro)　　　　② 인트로(intro)

③ 익스트로(ex-tro)　　　　④ 레트로(retro)

20 다음 중 외식업의 서비스 유형에 따른 분류를 할 때 우리나라에서 가장 높은 비중을 차지하는 유형은?

① 풀-서비스　　　　　　② 셀프서비스

③ 배달서비스　　　　　　④ 배달포장서비스

21 다음 중 우리나라 외식산업의 분류기준이 아닌 것은?

① 한국표준산업분류

② 식품위생법에 의한 분류

③ 관광진흥법에 의한 분류

④ NRA(national restaurant association)에 의한 분류

22 다음 빈칸에 공통적으로 들어갈 말은? 한국표준산업분류(KSIC : Korean Standard Industrial Classification)에 따르면 음식점업이란 "접객시설을 갖춘 구내에서 또는 특정장소에서 직접 소비할 수 있도록 조리된 (   ) 또는 직접 조리한 (   )을 제공 조달하는 산업 활동"이라고 정의하고 있다.

① 음식품   ② 유제품
③ 가공품   ④ 가정식

23 다음 중 한국표준산업분류에 의한 외식산업의 분류 중 맞지 않는 것은?

① 일반음식점
② 기관구내식당업
③ 출장 및 이동음식점업
④ 위탁급식영업

24 다음 중 한국표준산업분류에 의한 외식산업의 분류기준에 따른 분류 중 일반음식점에 속하지 않는 것은?

① 한식음식점업   ② 중식음식점업
③ 일식음식점업   ④ 해외음식점업

25 식품위생법에 의한 분류에서 음식점은 (   )여부에 따라 휴게음식점, 일반음식점영업, 위탁급식영업, 제과점영업으로 분류한다. 빈칸에 알맞은 말은?

① 배달 판매   ② 포장품목 판매
③ 주류의 판매   ④ 음료의 판매

26 다음 중 식품위생법에 의한 외식산업의 분류기준에 따른 분류 중 일반음식점을 설명한 내용은?

① 음식류를 조리, 판매하는 영업으로서 식사와 함께 부수적으로 음주행위가 허영되는 영업

② 음식류를 조리, 판매하는 영업으로서 음주행위가 허용되지 아니하는 영업

③ 주류를 조리, 판매하는 영업으로서 손님이 노래를 부르는 행위가 허용되는 영업

④ 주로 빵, 떡, 과자류를 조리 판매하는 영업

27 다음 중 관광진흥법에 의한 외식산업의 분류 중 맞지 않는 것은?

① 관광공연장업 ② 관광유흥음식점업
③ 관광극장유통업 ④ 관광서비스업

28 다음 중 관광진흥법에 의한 외식산업 분류의 관광공연장업에 대한 설명으로 맞는 것은?

① 관광객을 위하여 공연시설을 갖추고 한국전통가무가 포함된 공연물을 공연하면서 관광객에게 식사와 주류를 판매하는 사업

② 일반음식점영업의 허가를 받은 자가 관광객이 이용하기 적합한 음식제공시설을 갖추고 관광객에게 특정 국가의 음식을 전문적으로 제공하는 사업

③ 관광객을 위하여 공연시설을 갖추고 현대적 예술요소와 문화요소를 갖추고 이를 공연하면서 관광객에게 식사를 판매하는 사업

④ 관광음식점영업의 허가를 받은 자가 관광객이 이용하기 적합한 음식제공시설을 갖추고 관광객에게 특정 음식을 전문적으로 제공하는 사업

29 해외 외식산업의 분류 중 미국 외식산업의 세분화 종류가 아닌 것은?

① 상업음식점　　　　　　② 비영리음식점

③ 군대전용음식점　　　　④ 위탁음식점

30 미국 상업음식점은 크게 두 가지로 나뉜다. 맞게 짝지어진 것은?

① 풀서비스레스토랑-카페테리아

② 리미티드서비스 레스토랑-패밀리 레스토랑

③ 풀서비스레스토랑-리미티드서비스 레스토랑

④ 리미티드서비스 레스토랑-카페테리아

31 다음에 속하는 형태의 미국 외식산업은?

> 비영리음식점의 범주에 속하여 따로 분류하여, 군인들의 식사제공을 위한 서비스이다.

① 리미티드서비스 레스토랑

② 퀵서비스레스토랑

③ 비영리음식점

④ 군대전용음식점

32 미국 상업음식점의 분류 중 다음은 어떤 레스토랑을 말하는가?

> 고객이 카운터에서 주문하고 제품을 받기 전에 지불하고 카운터에서 음식을 픽업하는 곳, 전통적으로 맥도날드, 버거킹, 웬디스 등이 있다.

① 카운터서비스 레스토랑　　② 퀵서비스레스토랑

③ 패밀리 레스토랑　　　　　④ 캐주얼레스토랑

33 다음 중 퀵캐주얼 레스토랑과 QSR을 비교할 때 가장 큰 차이점은?

① 메뉴의 품질이 뛰어나다.

② 메뉴제공 속도가 뛰어나다.

③ 배달속도가 뛰어나다.

④ 가격이 저렴하다.

34 미국의 상업적 음식점의 분류 중 일반적으로 아침, 점심, 저녁 식사시간에 영업하며 주류 서비스가 제한적이거나 전혀 없으며 대부분은 하루 종일 아침식사를 제공한고 대부분 24시간 영업을 하는 음식점은?

① 패밀리 레스토랑　　　　　② 캐주얼 고급레스토랑

③ 유럽레스토랑　　　　　　④ 파인다이닝

35 다음 미국의 상업적 음식점 중 캐주얼 레스토랑의 확장으로 특정 테마에 초점을 맞춘 레스토랑은?

① 패밀리 레스토랑　　　　　② 캐주얼 고급레스토랑

③ 유럽레스토랑　　　　　　④ 테마레스토랑

36 최고 수준의 제품과 서비스를 제공하는 레스토랑은 어느 분류에 속하는가?

① 캐주얼 고급레스토랑　　　② 고급 파인다이닝

③ 패밀리 레스토랑　　　　　④ 유럽레스토랑

37 해외 외식산업의 분류기준 중 일본 외식산업의 분류기준이 아닌 아닌 것은?

① 표준산업분류　　　　　　② 외식산업총합조사연구센터

③ 일본 미즈호은행　　　　　④ 일본푸드서비스협회

38 해외 외식산업의 분류 중 일본 총무성의 외식산업의 세분화 종류 중 일반
음식점의 종류가 아닌 것은?

① 식당, 레스토랑　　　　　　② 소바, 우동점

③ 집단 급식점　　　　　　　　④ 찻집

39 다음 중 미국 다음으로 외식산업 규모가 큰 국가는 어느 국가인가?

① 인도　　　　　　　　　　　② 러시아

③ 중국　　　　　　　　　　　④ 일본

40 다음 중 우리나라가 외식산업이라는 용어를 처음 사용하기 시작한 때는?

① 19세기 말 개화기

② 1955년 한국요식업조합연합회 발촉 후 처음 사용

③ 1970년대 롯데리아 도입 시 처음 사용

④ 2011년 한국외식업중앙회의 명칭 변경 후 처음 사용

41 외식산업의 발전 과정 중 우리나라에 외식이란 용어가 나오기 전에 대신
사용되었던 외식을 뜻하는 말은?

① 요식　　　　　　　　　　　② 야외식

③ 식당　　　　　　　　　　　④ 주점

42 다음 빈칸에 알맞은 말은?

> 우리나라 최초의 외식업은 (　　　)형태의 복합 점포였다. 고려시대와 조선시대에 화폐경제의
> 발달과 이동편의를 위해 자연스럽게 생성된 (　　　)은 식당을 겸한 술집과 여관, 병원, 시장,
> 우체국의 역할을 하였다.

① 식당   ② 주막

③ 주점   ④ 난전

43 우리나라의 외식업이 모습을 갖추기 시작하며 발전하기 시작한 때는 언제인가?

① 1960년대   ② 1970년대

③ 1980년대   ④ 1990년대

44 다음은 우리나라 식당 중 100년 이상 된 한식당이 아닌 것은?

① 이문설농탕   ② 하얀집

③ 내호냉면   ④ 우래옥

45 다음 외식 브랜드 중 매출규모로 가장 높은 점유율을 보이고 있는 브랜드는 어디인가?

① SPC   ② 롯데GRS

③ 이랜드파크   ④ 비케이알(버거킹)

46 2022년 기준 다음 외식 브랜드 중 가장 많은 브랜드를 보유한 회사는 어디인가?

① 이랜드이츠   ② 야놀자프랜차이즈

③ 플레이타임그룹   ④ 더본코리아

47 오늘날 현대식 레스토랑의 모습이 가장 먼저 갖추어진 나라는?

① 영국   ② 프랑스

③ 미국   ④ 중국

48 20세기 미국 외식산업의 가장 큰 변화를 이끈 브랜드는 다음 중 어느 브랜드인가?

① 타코벨 ② 버거킹

③ 맥도날드 ④ 피자헛

49 다음 중 미국외식산업의 발전과정에서 나타난 여러 가지 현상과 이에 따른 외식산업에 대한 특징이 아닌 것은?

① 운영방식(사업운영 방식 도입 : 프랜차이즈, 체인, 셀프시스템 도입)

② 과학적 관리기법 도입

③ 고급레스토랑의 등장

④ 다국적 음식의 확산 및 체인화

50 일본식 포장마차로 타코야키, 오코노미야키와 같은 음식들을 판매하는 일본식 포장마차를 무엇이라 하는가?

① 야타이 ② 다코야키

③ 야키토리 ④ 오니기리

51 세계 최초로 라면을 발명한 일본 회사는 어디인가?

① 모리나가 ② 닛신식품

③ 오오츠카식품 ④ 로얄호스트

52 다음 중 일본외식산업 발전과정의 특징이 아닌 것은?

① 서구적 외식문화를 일찍 수용

② 현대적 시스템 개발

③ 전통 있고 유서 깊은 노포식당의 폐점

④ 경제성장에 이은 버블위기와 더불어 인구감소, 고령화로 인한 외식 트렌드의 변화

53 다음의 빈칸에 들어갈 알맞은 말은 무엇인가?

> (   )란 금융(Finance)과 기술(Technology)의 융합을 의미하는 신조어로, 모바일, SNS, 빅데이터 등의 첨단 IT기술이 금융산업에 접목되어 새롭게 등장한 산업 및 서비스 분야를 통칭하는 용어이다.

① 인공지능　　　　　　　　② AI

③ 푸드테크　　　　　　　　④ 핀테크

54 다음에서 설명하는 용어는 무엇인가?

> 음식(Food)과 기술(Technology)의 융합으로, 식품산업에 바이오기술이나 인공지능(AI) 등의 혁신기술을 접목한 것을 말한다.

① 인공지능　　　　　　　　② AI

③ 푸드테크　　　　　　　　④ 핀테크

55 다음에서 설명하는 용어는 무엇인가?

> 오프라인에서 줄서서 기다리는 불편함을 해소해 주고, 테이블에 앉아 주문과 결재까지 가능하게 하는 등 그 활용범위가 다양하다.

① OTO　　　　　　　　　② AI

③ 알고리즘　　　　　　　　④ 푸드테크

56 다음 빈칸에 들어갈 말은?

> 중국의 국민앱인 위챗(WeChat, 微信)이다. 위챗(WeChat)은 중국의 기업 텐센트에서 2011년에 내놓은 모바일 메신저로 (   )와 외식산업을 연결하는 대표적인 예이다.

① SNS   ② 인터넷

③ 결제서비스   ④ 주문서비스

57 다음 중 중국 외식산업 발전과정의 특징이 아닌 것은?

① 공산주의 경제에서 개방과 개혁에 의한 발전 기반 생성

② 다국적 브랜드에 대한 개방과 정책적 보완이 이루어지고 있음

③ 쇄국정책으로 외국 문호 개방에 소극적인 부분이 아직도 개선할 부분임

④ 핀테크와 푸드테크 기술 분야와 4차 산업혁명을 바탕으로 높은 기술력과 개발능력을 통해 외식산업을 발전시키고 있음

58 다음 빈칸에 들어갈 말은?

> 사업체의 84.6%에 달하는 (   ) 미만 소규모의 음식점업체의 종사자 비중은 전체의 60%, 매출액 비중은 47.7% 이며 10인 이상 대규모 음식점업체의 매출액 비중은 24.1% 이다.

① 1인   ② 2인

③ 5인   ④ 10인

59 다음 중 우리나라의 프랜차이즈 사업체 중 비중이 가장 높은 업종은?

① 치킨전문점   ② 한식음식점업

③ 외국음식점업   ④ 제과점업

정답

1	③	2	③	3	②	4	④	5	④	6	①	7	③	8	④	9	②	10	②
11	②	12	②	13	②	14	④	15	①	16	③	17	①	18	①	19	④	20	①
21	④	22	①	23	④	24	④	25	③	26	①	27	④	28	①	29	④	30	③
31	④	32	②	33	①	34	①	35	④	36	②	37	③	38	③	39	③	40	③
41	①	42	②	43	①	44	④	45	①	46	④	47	②	48	③	49	③	50	①
51	②	52	③	53	④	54	③	55	①	56	①	57	③	58	③	59	①		

PART 3

식품산업 현황

학습목표

- 식품과 식품산업에 대한 정의(Definition)를 학습한다.
- 식품산업의 범위에 대해 학습한다.

01
식품산업의 이해

    식품(food, 食品)은 인간이 먹기 위해 요리하거나 그대로 먹을 수 있는 모든 재료를 말하며, 영양소를 한 가지 또는 그 이상 함유하고 유해한 물질을 함유하지 않은 천연물, 가공품을 말한다. 세계보건기구(WHO)는 식품은 인간이 섭취할 수 있도록 완전 가공 또는 일부 가공한 것 또는 가공하지 않아도 먹을 수 있는 모든 것이라고 정의하고 있다. 우리나라 식품위생법에서는 식품은 사람이 섭취 가능한 물질 중에서 의약 효능을 목적으로 섭취하는 것을 제외한 모든 음식물을 대상으로 한다. 즉 식품은 영양소를 한 종류 이상 함유하고 있으며, 조리·가공되어 인간이 섭취할 수 있어야 하며, 식품으로 섭취된 후 체내 물질대사에 의해 인간의 성장과 생명 유지에 필요한 에너지 공급원이 되어야 한다.

1. 식품산업의 정의와 범위

식품산업(food industry)은 원료의 수집, 수입, 가공, 저장, 판매에 이르는 경제 행위를 하는 사업을 말하며, 식품의 가공, 제조, 보관, 유통, 조리, 소비까지 이루어지는 일련의 산업을 말한다.

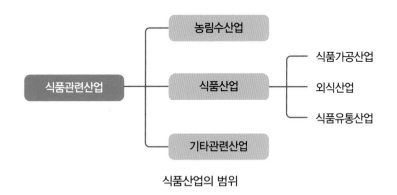

식품산업의 범위

식품관련 산업의 범위는 식품가공업(Food processing industry) 관련 범위, 외식산업(Food service)의 음식, 음료 제조, 일련의 서비스 과정 등의 산업도 포함하며, 식품유통산업(Food marketing industry) 등도 포함하는 광범위한 분야를 뜻한다.

2. 식품산업의 특징

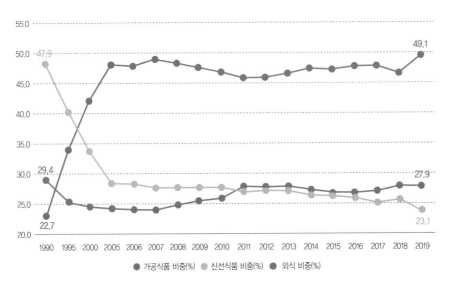

출처 : 한국농촌경제연구원

소비자 가구당 식품 소비 지출 추이

식품산업은 생산 품목 및 산업 특성에 따라 다양하게 구분할 수 있다.

첫째, 식품산업은 생활수준의 향상 및 국민소득의 증가에 따라 삶의 질을 향상하려는 욕구에 따라 진화하고 있다.

대표적인 특징으로 소비자의 취향이 고급화, 다양화, 건강지향 등으로 변하면서 이런 특징적 상품에 대한 구매수요가 꾸준히 증가하고 있으며, 이런 수요증가로 인해 식품산업에 새로운 성장기회를 제공하고 있다. 건강식품들의 수요가 지속적으로 증가하는 것이 그 예이다.

이러한 고부가 식품산업의 범위는 여러 가지 범주로 세분화되며 포지셔닝되고 있는데 이 부분을 정리하면 다음의 표와 같다.

고부가 식품산업의 범위

구분	내용	예시
기능성식품	인체건강에 유용한 효과를 주는 식품소재나 성분을 사용하여 제조 및 가공되어 일상적으로 섭취하는 식품	홍삼 제품, 알로에 제품, 영양보충용 제품 등
친환경안심식품	식품의 안전성을 확보하기 위해 식품위해인자 검출 및 추적 등의 다양한 첨단기술 개발	유기식품, 식품안전인자 검지시스템 등
웰빙전통식품	건강기능 및 영양학적으로 우수한 웰빙식품으로 신규시장 창출가능	저염화 전통발효식품, 명품천일염, 건강기능식품 등
U-식품시스템	농장에서 식탁까지 식품의 품질과 안정성을 확보하는 유비쿼터스 식품시스템	U-식품품질센터, 지능형 식품포장, 식품유통환경 조절시스템 기술 등

출처 : 농림수산식품부(2011), 〈식품산업진흥 기본계획(2012~2017)〉

둘째, 식품산업은 전반적으로 경기에 대한 영향을 비교적 비탄력적으로 받는 산업으로 전형적인 내수산업이다. 일부제품을 제외하고는 필수재의 속성을 지니고 있어 경기가 호황 또는 불황일 때도 변동에 민감하게 반응하지 않는 특성을 보인다.

그러나 주류(위스키, 맥주, 음료)나 고가의 건강식품 등 일부 기호식품은 상대적으로 탄력적인 특성을 보이고 있다.

셋째, 식품산업은 다양한 경쟁형태의 시장이 존재한다. 식품회사들은 생산능력, 브랜드 파워, 유통망 등을 확보하기 위해 독과점, 완전경쟁 등 다양하게 경쟁하고 있다.

넷째, 식품산업은 브랜드에 대한 충성도가 높은 편이지만 마케팅의 중요성 또한 매우 높다. 따라서 광고비, 판매 장려금 등 판매관리비의 비중이 비교적 높다.

다섯째, 식품산업의 가격 교섭력은 지속적으로 약화되고 있는데, 이는 1990년대 중반 이후 유통업의 대형화가 시작되면서부터 대기업의 시장지배력이 강화되었기 때문이다.

3. 한국 식품산업의 문제점과 발전 방향

　식품산업이 중요한 이유 중 하나는 문화 수출의 통로가 되기 때문이다. 식품은 저마다 독특한 문화와 함께 존재하기 때문에 식품을 다른 국가 나아가 전 세계에 알린다는 것은 그 나라의 문화를 세계에 알리는 것과 같다. 식품은 인간의 삶에 있어 건강에 중요한 영향을 끼치며 올바른 식품의 섭취가 건강과 직결된다고 말할 수 있다.

　비위생적이거나 부실한 식품의 부주의한 취급은 자칫 이를 소비하는 소비자들에게 건강상 치명적일 수 있다. 만약 이런 일이 발생하여 이것을 회복하려면 엄청난 사회적 비용이 소요될 것이다. 따라서 안전하고 품질 좋은 식품을 공급하는 것은 매우 중요하며, 이는 정부주도의 체계적인 전략이 필요하다.

　정부가 식품산업을 전폭적으로 지원·육성하려면 특정분야에 대한 선택과 집중이 필요하다. 식품산업에 있어 산업의 추세는 농업부문의 비중이 감소하고 식품가공과 외식산업의 비중이 증가하며 전체적인 시장이 커지고 있다. 외식산업의 성장은 식재료 산업의 지속적 성장과 직결되나 국내 외식업체는 대부분 생계형의 영세업체가 많은데다 최근 급성장하고 있는 외식업체들의 대부분은 외국계 업체가 시장을 선점하고 있다. 특히 외식산업의 파생사업으로써 식재료 산업을 육성하기 위한 정책은 체계적으로 매우 미흡한 상태다.

　아울러 외식과 식품제조업이 필요로 하는 제품인 원료 및 전처리 농산물 등의 공급체제도 아직 미흡한 수준이며, 외식산업과 농업의 연계정책 및 이에 대한 조사연구도 매우 미흡한 수준이다.

식품산업 현황과 문제, 그리고 발전전략

개선방안: 식품제조업계의 전반적인 수준을 향상시키고 투자효과를 높이기 위해서는 유망 중소식품업소를 선정해 집중 육성할 필요가 있다. 선정된 업체에는 과감한 자금 및 컨설팅 지원 등이 이뤄져야 할 것이다. 또 비록 중소업체의 제품일지라도 품질 면에서 우수한 제품일 경우 시장에서 차별적인 대우를 받을 수 있도록 제도적 장치를 마련해 주는 것도 중소업체를 육성하는 방안이 될 것이다.

지역적 특성을 살리기 위해 지방자치단체 등이 중심이 되어 식품산업 클러스터를 조성할 수 있도록 지원하는 것도 좋은 방안으로 꼽히고 있다. 전북 순창의 장류 관련 기업 유치, 고창의 치즈 및 복분자 등 기능성식품산업 육성 등이 성공 모델로 제시되고 있다.

식품원재료의 안정적인 조달을 위해서는 국영무역 수입물량의 경우 사전에 수요업체로부터 구체적인 수요내역을 제출받아 수입하도록 하는 등 관세할당제도(TRQ)의 개선이 필요하다. 특히 국내에서 생산되지 않는 식품원료에 대한 관세율을 인하해 국내 가공식품산업의 원가부담을 완화시키는 일이 시급한 과제로 지적되고 있다.

수출시장 확대를 위해서는 중점 수출대상 품목을 선정하는 것이 우선 필요하며, 선정된 아이템별로 경쟁력 제고 차원에서 지원책을 마련해야 한다. 국내 사정이나 세계적 추세로 볼 때 그래도 어느 정도 경쟁력을 확보할 수 있는 분야는 전통식품과 건강기능식품으로 꼽히고 있다. 전통식품은 제품수출과 더불어 서비스(문화)수출에 초점을 두고 지원책을 마련하는 것이 바람직한 것으로 보인다. 또 건강기능식품은 국내에서 자생하는 원료를 이용한 소재개발로 세계적인 히트상품을 만들어 내는 것이 핵심전략이 돼야 할 것이다.

이를 위한 선결조치로는 세계 속에 한국식품의 이미지를 구축하는 것이 중요하다. 정부가 국내 전통식품의 우수성과 건강기능식품의 시장 확대를 위해 '한국식품=건강식품'이라는 컨셉의 이미지 구축작업을 하고 있는 것은 시의 적절한 조치로 평가되고 있다.

산업발전의 발목을 잡고 있는 과도한 규제는 합리적으로 완화하는 것이 시급한 과제다. 현재 가장 뜨거운 감자는 일반식품에 대해 기능성 표시를 허용하는 문제. 지난해 말 전주비빔밥에 대한 기능성표시에 대법원이 무죄판결을 내린 후 '건강기능식품에 관한 법률'에 적용되지 않는 일반 식품도 과학적으로 검증된 기능성에 대해서는 표시를 허용해야 한다는 여론이 높다. 그러나 이 문제는 건강기능식품의 표시 및 광고 완화와 맞물려 있어 빠른 시간 내에 쉽게 결말이 나기는 힘들어 보인다.

유통기한 표시 제도를 현행 판매기한(sell by)에서 사용기한(used by)과 최적품질기한(best before)으로 이원화하는 방안은 특별한 문제가 없어 조만간 개선될 것으로 보인다. 또 실효성 없이 업체에 부담만 가중시키는 의무적인 자가품질검사 제도는 자율제로 전환되어야 하며 정부도 이에 대해서는 긍정적으로 검토 중인 것으로 파악되고 있다.

이 밖에 가공식품의 원료별 원산지 표시는 전통식품에 한해서만 원료별 원산지 표시제를 시행하되, 원산지 표시 대상 원료를 모든 농산물에서 원산지 표시대상 농산물(276품목)로 축소해야 한다는 의견이 지배적이다.

출처 : 농식물수출정보

식품산업의 현황과 트렌드

1. 식품산업 규모

좁은 의미의 식품산업은 음식료품 제조업으로 구분하지만 광의의 식품산업은 외식과 식품관련 분야의 식품을 소비자에게 유통하는 유통서비스까지 포함한다. 식품가공업(Food processing industry), 외식산업(Food service), 식품유통산업(Food marketing industry)까지 규모가 넓은 산업이 식품산업이다.

1) 세계 식품시장 규모

시장조사 전문기관인 Global Data에 의하면 2019년 세계식품 시장규모는 7.8조 달러로 1.2% 증가하였다. 세계 식품시장의 분류별 비중을 보면 식료품 및 담배는 증가하였으며, 음료는 감소 추세 있다. 향후 식품시장(2020~2024년)은 음료 시장과 식료품 시장이 빠르게 성장할 것이라 전망하고 있다.

전 세계 식품시장 규모(시장구분별)

(단위 : 십억 달러, %)

구분	2017	2018	2019	2020	2021	2022	2023	2024
세계 식품시장	7,415.3	7,743.2	7,832.3	7,707.6	8,141.9	8,428.7	8,746.5	9,154.4
	(100.0)	(100.0)	(100.0)	(100.0)	(100.0)	(100.0)	(100.0)	(100.0)
- 식료품시장	3,847.2	3,994.2	4,013.7	4,184.4	4,349.4	4,514.9	4,697.6	4,966.9
	(51.9)	(51.6)	(51.2)	(54.3)	(53.4)	(53.6)	(53.7)	(54.3)
- 음료시장	2,853.4	2,968.7	2,992.3	2,725.4	2,933.9	3,039.6	3,153.4	3,261.2
	(38.5)	(38.3)	(38.2)	(35.4)	(36.0)	(36.1)	(36.1)	(35.6)
-담배시장	714.4	780.3	826.3	797.8	858.6	874.3	895.5	926.3
	(9.6)	(10.1)	(10.5)	(10.4)	(10.5)	(10.4)	(10.2)	(10.1)

주 1) 제조업만 포함되며, 외식업은 포함되지 않음
  2) 포함된 제조업은 Food, Alcoholic Beverages, Non-Alcoholic Beverages, Tabacco
  3) Alcoholic Beverages, Tabacco 및 식품무역액이 포함된 합계임(2019~2024년은 추정치)

출처 : 2021.7월 GlobalData(http://consumer.globaldata.com 영국의 리서치&컨설팅 회사)

2) 식품 제조업 현황

식품산업에 있어 음식료품 제조업 사업체 수는 2019년 62,329개로 전년대비 1.2% 증가하였고, 식품 제조 출하액은 2019년 126.5조원으로 전년대비 3.5% 증가하였다.

식품제조관련 직원 수는 10인 이상의 사업체 수가 2019년 5,797개로 전년대비 23.2%증가하였으며, 식품제조 출하액은 96조원으로 전년대비 4.6% 증가하였다.

연도별 음식료품 제조업 현황

(단위 : 개, 천명, 십억원, %)

구분	2009	2010	2011	2012	2013	2014	2015	2016	2017	2018	2019
사업체 수[1]	54,739	54,050	54,465	54,584	55,432	58,118	58,529	59,171	60,089	61,620	62,329
- 사업체 수(10인이상)(A)[2]	4,169	4,261	4,360	4,423	4,616	4,983	5,124	5,274	5,481	5,616	5,797
종사자 수[1]	277	277	291	298	304	323	333	343	346	362	375
- 종사자 수(10인 이상)(B)[2]	167	171	177	179	184	195	205	212	217	227	230
출하액[1]	–	–	–	–	–	–	–	108,561	114,111	122,132	125,462
- 출하액(10인 이상)(B)[2]	60,771	63,725	70,208	75,150	77,320	79,925	83,937	86,611	89,718	92,013	96,230
※업체당 출하액	–	–	–	–	–	–	–	1.83	1.90	1.98	2.03
※업체당 출하액(10인 이상)	14.58	14.96	16.10	16.99	16.75	16.04	16.38	16.42	16.37	16.38	16.60
부가가치(10인 이상)(C)[2]	21,804	22,665	24,078	26,090	27,449	28,852	30,863	32,125	33,583	33,963	35,904
※1인당 부가가치(C/A)	130.56	132.54	136.03	145.75	149.18	147.96	150.55	151.53	154.76	149.62	156.10
※부가가치율((C/B)x100))	35.88	35.57	34.29	34.72	35.50	36.10	36.77	37.09	37.43	36.91	37.31

주 1) 2010년, 2015년 자료는 통계청 경제총조사 자료로 9차 산업분류를 따름
　　2) 전국 사업체조사는 17년부터 10차 산업분류로 조사되었으며, 16년 이전 자료는 9차 분류를 10차로 연계하여 제공(16년은 세세분류,
　　　16년 이전은 중분류로 제공)
　　3) 광업제조업조사의 부가가치(생산액 - 주요 중간투입비)는 국민계정상의 부가가치(생산액 - 중간투입액)와 산출방법의 차이로 인해 일치하지 않음
　　　(광업제조업조사 부가가치) = 생산액 - 주요 중간투입비(직접생산비 : 원재료비, 전력비, 용수비, 외주가공비, 수선비, 연료비)
　　　(국민계정 부가가치) = 총생산액 - 중간투입액(직접생산비 + 간접생산비 : 광고 선전비, 보험료 등)
출처 : 1) 통계청 전국사업체조사(종사자 수 1인 이상 모든 사업체)
　　　 2) 통계청 광업재조업조사(종사자 수 10인 이상 사업체)

3) 국내 식품산업 시장규모

국내 식품산업 시장규모

(단위 : 10억원)

구분	2005	2010	2015	2016	2017	2018
제조 외식(A+B)	89,920.7	131,290.8	191,950.5	205,464.5	218,017.7	230,196.3
음식료품제조업(A)	43,668.2	63,725.0	83,937.2	86,611.2	89,717.9	92,013.2
- 사료제조업 제외	39,058.7	55,574.4	73,588.6	76,725.6	80,169.3	82,288.2
음식업점(B)	46,252.5	67,565.8	108,013.3	118,853.3	128,299.8	138,183.1
식품유통(C+D)	97,169.7	163,134.3	244,498.0	256,053.6	261,017.8	
음식료품 및 담배 도매업	50,520.0	88,527.0	139,195.0	146,523.1	153,523.4	154,134.7
- 담배 제외(C)	47,566.4	85,386.9	135,542.3	143,466.1	150,704.7	151,474.2
음식료품 및 담배 소매업	8,957.9	12,674.1	20,892.0	22,352.5	24,002.1	24,989.7
- 담배 제외	8,835.7	12,593.0	20,733.8	22,181.2	23,783.3	24,662.6
식품소매업(D)	42,567.9	65,163.9	96,254.6	101,031.9	105,348.9	109,543.6
제조 외식 유통(A+B+C+D)	180,145.0	281,841.6	423,747.4	449,962.5	474,071.3	491,214.1
농림어업	41,322.2	50,948.9	–	–	–	
농림업	–	47,979.4	50,843.0	49,543.6	50,680.9	52,519.8

출처 : 통계청 도소매업통계조사 매출액(음식점 및 주점업)

우리나라 식품산업규모는 2018년 기준 약 230조원(제조 92조원+외식업 138조원) 규모로 2005년에 비해 약 2.5배 성장하였으며 해마다 규모가 커지고 있다.

우리나라는 인구 구조의 변화에 따른 변화와 현재 고령사회에서 초고령사회 진입을 앞두고 있으며, 1인 가구의 증대(전체가구의 30%), 근로시간 단축으로 인한 라이프 스타일의 변화, 가정용 상품 및 서비스 수요 증대, 온라인쇼핑, 음식배달서비스 수요 증대, 아울러 코로나19에 따른 변화로 비대면 환경에 따른 가정에서의 소비가 증가하고 있어 이런 환경적 요인이 식품산업에도 영향을 끼치고 있는 것으로 보인다.

4) 국내 주요 식품기업 순위

2020년 공시정보 기준으로 연매출 1조 이상 식품기업은 25개사로 집계되었으며, 25개사 중 전년대비 매출액이 증가한 기업은 18개 회사이다.

국내 주요 식품기업 매출실적

(단위 : 백만원)

순위	업체명	2019년		2020년		증감률(%)
		매출액(A)	영업이익	매출액(B)	영업이익	
1	CJ제일제당(주)	5,882,531	203,657	5,980,828	287,147	1.7
2	대상(주)	2,457,055	103,421	2,604,922	135,541	6.0
3	(주)오뚜기	2,108,629	126,105	2,305,213	155,241	9.3
4	롯데칠성음료(주)	2,343,169	108,950	2,161,963	97,201	△7.7
5	(주)농심	1,905,694	49,347	2,105,700	90,365	10.5
6	하이트진로(주)	1,830,147	80,294	2,049,288	180,768	12.0
7	(주)동원F&B	1,709,299	70,656	1,781,268	84,511	4.2
8	(주)파리크라상	1,835,110	76,071	1,770,512	34,681	△3.5
9	서울우유협동조합	1,724,467	55,966	1,754,822	59,459	18
10	롯데푸드(주)	1,788,031	49,466	1,718,858	44,557	△3.9
11	동서식품(주)	1,542,863	204,698	1,553,307	214,567	0.7
12	롯데제과(주)	1,530,146	63,509	1,531,184	86,559	0.1
13	(주)삼영사	1,550,801	21,100	1,524,770	40,657	△1.7

14	매일유업(주)	1,391,694	89,532	1,460,441	88,355	4.9
15	(주)농협사료	1,300,794	45,356	1,370,027	43,200	5.3
16	오비맥주(주)	1,542,126	408,959	1,352,934	294,498	△12.3
17	(주)동원홈푸드	1,267,058	27,636	1,342,546	22,979	6.0
18	코카콜라음료(주)	1,264,891	143,151	1,337,570	185,913	5.7
19	(주)한국인삼공사	1,403,680	205,902	1,333,565	159,223	△5.0
20	(주)SPC삼립	1,186,835	47,889	1,265,460	44,706	6.6
21	(주)팜스코	959,177	16,052	1,162,303	32,905	21.2
22	대한제당(주)	1,111,606	28,840	1,114,809	36,573	0.3
23	(주)사조대림	780,446	29,849	1,086,176	40,272	39.2
24	(주)에지와이	1,068,991	105,798	1,063,193	101,982	△0.5
25	(주)카길애그리퓨리나	903,579	12,834	1,019,411	1,140	12.8

주) 매출액은 기업 전체의 매출액을 의미

출처 : 금융감독원 공시자료 기준 국내 식품기업(식품제조업) 매출상위 상장기업 및 외강기업(순위는 2020년 매출액 기준)
    상세자료는 식품산업통계정보(RS), 국내 주요 식품기업, http://www.atfis.or.kr 참조

(1) 식품회사 소개

⊙ CJ제일제당

  CJ제일제당(씨제이제일제당, CJ CheilJedang)은 대한민국의 1위 종합식품 제조업
체이다. 본사는 서울특별시 중구 동호로 330[쌍림동, CJ제일제당센터)에 있으며 설탕,
밀가루, 식용유 등의 부재료 및 식품, 의약품과 바이오 사업을 하고 있다.

  2007년 9월 1일, 씨제이(주)의 사업부문을 인적 분할하여 설립되었다. 2008년 2
월 29일, 회사의 영문 상호를 "CJ CheilJedang Corp"에서 현재의 "CJ CheilJedang
Corporation"으로 변경하였다. 2009년 9월 1일, 삼양유지(주)를 합병하였으며, 2010년
9월 29일에는 Global Holdings Limited를 인수하였다. 2014년 4월 1일, CJ헬스케어주
식회사를 분할하였고, 2019년 7월 1일, CJ생물자원을 분할하였다. 설탕은 삼양사, 대
한제당과 경쟁하고, 식용유는 사조해표, 조미료는 대상과 경쟁한다. 대표 식품 브랜드

는 비비고, 햇반(햇반 컵반), 고메(가정간편식) 등이 있다.

출처 : CJ 제일제당

⊙ **대상**

대상그룹(Daesang Group)은 대한민국의 재벌로 대상(주)를 모체로 하는 기업 집단이다. 본사는 서울특별시 동대문구 신설동에 있다. 임대홍이 1956년에 설립했다. 임대홍은 일본에서 조미료 제조기술을 배워서 대한민국에 건너와 동아화성공업(주)를 설립하고 아미노산계 발효 조미료인 미원을 만들었다. 미원이 주부들 사이에서 인기를 얻어 회사가 급성장하자 1962년 회사명을 (주)미원으로 변경하였다. 1987년 임대홍의 장남인 임창욱이 그룹의 회장직을 이어 받았으며, 1997년 전문경영인인 고두모가 임창욱의 뒤를 이어 회사명을 대상(주)로 변경하였다.

출처 : 대상그룹

⊙ (주)오뚜기

　주식회사 오뚜기(OTTOGI CORPORATION)는 대한민국의 식품회사다. 오뚜기센터는 서울특별시 강남구 영동대로 308(대치동)에 있으며, 본점은 경기도 안양시 동악구 흥안대로 405(평촌동)에 있다. 계열사로는 오뚜기냉동식품(주), 알디에스(주), 상미식품(주), (주)풍림피앤피 등이 있다.

　창업주 함태호 회장은 오뚜기를 운영하는 동안 비공개로 수없이 많은 기부활동을 하였으며, 그의 사후에 선행이 알려짐으로써 소비자에게 착한 기업, 윤리적인 기업의 이미지가 강하다.

출처 : (주)오뚜기

⊙ 롯데칠성음료

롯데칠성음료는 대한민국의 기업으로, 롯데그룹의 식품 계열사이다.

1950년 5월 모태인 "동방청량음료합명회사"로 설립하였다가, 1967년 11월 한미식품공업주식회사로 상호명 변경 후 1970년 1월 동방청량음료를 흡수 합병하여, 1974년 11월 롯데그룹의 인수 합병에 따라 1974년 12월부터 현재의 상호로 변경하였다. 본사는 서울특별시 송파구 신천동 롯데월드타워 건너편에 있는 롯데캐슬골드에 있으며 본점은 서초구 서초동 강남역 부근에 있다.

출처 : 롯데칠성음료

⊙ 하이트진로

하이트진로(주)는 2011년 9월 1일 주식회사 진로와 하이트맥주가 통합하여 대한민국 최대 주류기업으로 공식 출범했다. 한국 주류기업 중 가장 오랜 역사를 갖고 있는 하이트맥주와 진로가 단일회사로 통합되며 탄생했으며, 이는 맥주와 소주 분야 대한민국 1위 기업 간의 통합이다. 2013년을 통합영업의 원년으로 삼고 본격적인 통합영업을 하고 있다. 또한 강원공장에 식품안전경영시스템인 국제규격 ISO22000인증을 획득하였다. 2011년 법인통합에 이어 조직통합을 통해 소주부문과 맥주부문 간 정보와 인력을 공유하고 효율성 개선을 통한 경쟁력 제고에 힘쓰고 있다. 하이트진로는 국내 주류업계 최초로 2014년 매출 2조원을 넘어섰다.

출처 : 하이트진로 그룹

⊙ 동원F&B

동원F&B는 2000년 11월 동원산업의 식품부문이 독립하여 탄생한 식품 전문 기업이다. 좋은 음식이 곧 보약이라는 기업철학을 바탕으로 우리의 식탁을 더 건강하게 만드는 First & Best 식문화 기업으로 성장하고 있다. 식품과학연구원은 식품 트렌드를 분석하고, 시장을 선도할 수 있는 신제품 개발에 몰두하고 있으며, 분야별 전문가들이 최첨단 개발 장비와 대량생산에 버금가는 파일럿 설비를 토대로 실전 연구를 진행하고 있다. 이를 통해 동원F&B는 가장 건강한 종합식품기업으로 나아가기 위해 노력하고 있다.

출처 : 동원F&B

⊙ 서울우유협동조합

서울우유협동조합은 유제품을 생산하는 대한민국의 협동조합으로 1937년 결성되었으며, 농업협동조합에 의거하여 낙농업을 경영하는 조합원에게 필요한 기술, 자금, 자재 및 정보 등을 제공하고, 조합원이 생산한 축산물의 판로 확대 및 유통 원활화를 도모하여 조합원의 경제적, 사회적, 문화적 지위를 향상시키기 위해 노력하고 있다. 현재 유가공 공장 3개(양주(신), 안산, 거창), 중앙연구소와 생명공학연구소, 영업지점 13개점, 신용지점 13개점, 가공품지점 2개점, 낙농지원센터 8개소를 운영하고 있다.

출처 : 서울우유협동조합

◉ 롯데푸드

롯데푸드는 대한민국의 식품 회사로 대한민국 4위권 빙과류와 대한민국 1위권 식용 유지 제조업체이다. 1985년에 설립되었던 삼강을 1977년에 롯데그룹이 인수하면서 롯데삼강이 되었다. 빙과류와 식용 유지의 식품을 제조 판매한다.

1972년 출시된 아맛나, 1983년 출시된 빵빠레와 돼지바, 1985년 구구 등은 현재까지 장수하는 주요 빙과다. 채미소라는 이름으로 농산물 브랜드, 본미라는 이름으로 즉석식품 브랜드, 리치빌이라는 이름으로 커피브랜드, 2009년 통합식품 브랜드인 쉐푸드(Chefood) 등을 출시하였다. 2013년 4월부터 식음료 관련 계열사들과 인수 합병을 마무리짓고 롯데삼강에서 롯데푸드로 사명을 변경하였다.

2014년에는 스위스의 네슬레와 합작하여 "롯데네슬레코리아"라는 합작 회사를 설립하여 2016년에 제과, 제빵용 식용 유지 자사 브랜드인 '베테라'라는 브랜드로 론칭하였다. '베테라'의 어원은 '제과인의 광장(Baker's terra)'이라는 이니셜을 갖고 있다.

◉ 동서식품

동서식품 주식회사는 인스턴트커피와 시리얼을 생산하는 대한민국의 식품 전문 기업으로 1968년 5월 23일 설립되었다. 커피믹스에서는 '맥심'이라는 브랜드와 시리얼 시장에서는 '포스트'라는 브랜드를 사용하며, 각각의 브랜드는 커피믹스 시장과 시리얼 시장에서 대한민국 점유율 1위를 차지하고 있다. 동서식품은 대한민국 최초로 인스턴트 커피를 개발한 업체이기도 하다. 1970년 6월, 미국 제너럴 푸즈와 기술제휴해서 인스턴트 커피 브랜드인 '맥스웰하우스'를 대한민국에 처음 들여와 생산, 판매하기 시작하였다. 1974년에는 대한민국 최초의 식물성 커피 크리머 '프리마'를 자체 생산하였고, 1976년 12월에는 세계 최초로 커피믹스를 개발하였다.

1980년에는 크래프트 푸즈의 커피 브랜드 '맥심'을 도입하였다. 이후 '맥심 모카골드'에서는 대한민국 최초로 스틱 형태의 커피믹스를 선보이며 개개인의 취향에 따라 설탕량을 조절할 수 있는 아이디어를 도입했다. 2000년대에도 '맥심'은 대한민국의 인스턴트 커피시장에서 75~80%의 점유율을 유지해 왔다.

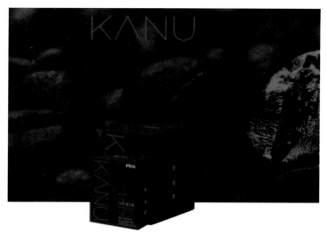

출처 : 동서식품

⊙ 롯데제과

롯데제과는 대한민국 롯데그룹 계열 과자류 생산업체이자 모기업 가운데 하나로, 1967년 3월 24일에 설립되었다. 1974년 칠성한미음료를 1978년에 삼강산업을 각각 인수하며 식품 분야를 확장했다. 1976년 실업야구단 '롯데 자이언트'를 창단하고 1979년 부산 양산공장, 1983년 경기 평택공장을 각각 세운 후 1984년 미국 로스앤젤레스에 첫 해외지사를 세웠다. 1985년에 1986 서울 아시안 게임 및 1988 서울 올림픽 공식 공급 업체로 선정된 후 1989년 본사를 영등포공장으로 이전했다. 2010년 국내 최초 체험형 과자박물과 '스위트팩토리'를 열어 2011년 롯데제약을 합병했고, 2013년 카자흐스탄 라하트사를 인수한 후 2014년 8월 1일에는 제빵업체인 롯데브랑제리를 합병했다. 대신 브랑제리브랜드는 존치했다.

2017년 롯데지주를 만들기 위해, 사업회사와 투자회사로 분리했다. 신설 사업회사는 롯데제과가 되고, 존속 투자회사는 롯데지주에 합병되었다. 이후 인도 하브모어까지 인수했다.

출처 : 롯데제과

⊙ 삼양사

주식회사 삼양사는 1924년 삼양그룹의 김연수 회장이 설립한 대한민국의 기업이다. 1968년에 상장이 이루어졌고, 지주회사인 삼양홀딩스로부터 식품사업과 화학사업부문이 분할되어 2011년 재상장되었다. 삼양라면을 생산하는 삼양식품과는 이름만 비슷할 뿐 아무 관계 없는 회사이지만, 업종이 음식료품제조업으로 비슷하다 보니 자주 오해를 받는다.

출처 : 삼양사 홈페이지

◉ 삼양식품

삼양식품(三養食品)은 1961년에 설립된 대한민국의 식품회사다. 한국 최초의 인스턴트 라면을 개발했으며 대관령 고원 일대에 600만 평의 산지를 개발해서 초지를 조성하고 산지축산을 진흥시킴으로써 식생활의 선진화에 힘써 국민보건 향상에 큰 역할을 담당했다. 대관령 삼양목장은 삼양식품의 주요 원료 공급처로 라면 스프용 쇠고기 등에 육류와 젖소를 사육하여 고품질의 유제품을 생산하고 있다. 특히 K-Food의 인기에 힘입어 중국, 동남아시아 등에서 인기를 끌고 있으며 K-Food를 선도하는 주요 브랜드로 자리 잡고 있다.

출처 : 삼양식품

5) 국내식품 품목별 시장규모

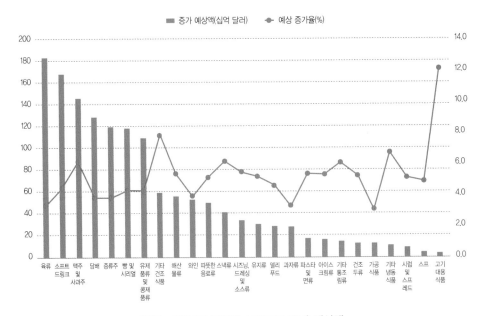

2020~2024년 품목별 시장규모 증가 예상액

- 향후 5년간(2020~2024년) 소프트 드링크, 육류, 맥주 및 사과주 등의 시장규모가 큰 폭으로 증가할 것으로 보임
- 시장규모 1,000억 달러 이상 증가 예상 품목 : 육류, 소프트 드링크, 맥주 및 사과주, 담배, 증류즈, 빵 및 시리얼, 유제품류 및 콩제품류 등
- 시장규모 500억 달러 이상 증가 예상 품목 : 기타 건조식품, 해산물류, 와인
- 빠르게 성장할 것으로 기대되는 품목은 유지류, 따뜻한 음료류, 기타 건조식품 순
- 2020~2024년 품목별 예상 연평균 성장률(%) : 고기 대용식품(12.0), 기타 건조식품(7.8), 기타 냉동식품(6.7), 스낵류(6.1), 기타 통조림(6.0)

2. 식품산업 트렌드

1) 온라인 마켓 식품 산업 분야(HMR 분야 등 e-커머스 분야 등)

온라인쇼핑 거래액 증가: 2019년 온라인쇼핑 거래액은 135조 원으로 전년대비 19.4% 증가하였다. 전체 온라인쇼핑 거래액에서 음식료품과 농축수산물을 포함한 식품 거래액은 17조원으로 전체 온라인쇼핑 거래액의 12.5%를 차지하고 있다.

음식서비스업은 약 10조원으로 7.2%를 차지하고 있으며 온라인쇼핑 매출규모는 10% 이상씩 증가하며 매우 빠르게 성장하고 있고 식품은 꾸준한 증가세를 보이고 있다. 특히 음식서비스업의 증가가 크게 나타나고 있다.

코로나사태로 인해 내식이 증가하며 HMR이나 밀키트의 소비가 크게 증가하고 라면 소비 등 즉석식품의 수요가 증가하면서, 이와 관련한 식품기업들의 매출 상승과 함께 영업이익률이 크게 증가한 것으로 나타났다.

아울러 소비자들이 가정에 머무는 시간이 늘면서 가정용품과 식품소비가 크게 증가한 것으로 나타났다.

- 농식품 수출의 증가 : 2020 농식품 수출액은 전년 동기대비 4.9%상승하였으며 가공식품 6.2%, 신선농산물 0.8% 상승 등 코로나사태로 수출 여건이 어려운 상황에서 김치·라면·고추장·쌀가공식품의 수출이 크게 증가하였다.

2) 가정간편식 증가

간편성을 중시하는 소비 트렌드에 힘입어 가정간편식(HMR) 시장이 급성장하고 있다. 3년새 가정간편식 시장이 63%나 커졌으며 2022년에는 시장 규모가 약 5조원에 이를 것으로 전망됐다.

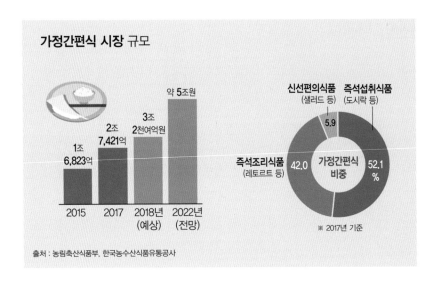

2019년 전체 가정간편식 매출액은 약 4조 2,220억원으로, 전체 매출액 중 즉석조리식품의 비중이 가장 높고, 다음으로 즉석섭취식품, 신선편의식품, 밀키트 순서로 나타났다. 매출액 규모가 상대적으로 큰 기업은 주로 햄버거/샌드위치, 즉석국/탕/찌개류, 만두류를 생산하며, 편의점 판매 비중이 높다. 최근 수요가 증가하고 있는 밀키트는 주로 대형할인점으로 판매되고 있으며, 샐러드 등 신선편의식품은 주로 온라인쇼핑몰을 통해 판매된다.

국내 밀키트 시장전망 (단위 : 십억원)

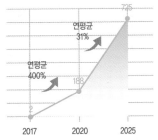

국내 밀키트 브랜드 점유율 (단위 : %)

순위	브랜드	점유율
1위	프레시지	22.0%(31.0%⇧)
2위	잇츠온	13.6%(-7.5%⇧)
3위	쿠킷	8.5%(-13.3%⇧)
4위	마이셰프	4.8%(71.4%⇧)
-	PB/기타	51.1%(-8.4%⇧)

**유로모니터 레디밀 기준 : Shelf Stable Ready Meals, Chilled Ready Meals, Dinner Mix, Frozen Pizza, Frozen Ready Meals, Prepared Dalads 포함/본 페이지의 밀키트는 Dinner Mix를 준용

출처 : 유로모니터, Ready Meals in South Korea(2020.12)

국내 밀키트 시장의 전망과 브랜드 점유율

aT식품산업통계정보는 이처럼 밀키트 시장이 활성화되는 이유로 새벽배송, 당일배송 등 배송 서비스 경쟁력이 강점인 온라인 유통 비중이 증가하고 있기 때문이라고 해석했다. 간편식은 주로 대형마트를 통해 유통되고 있으나 그 비중이 점점 줄어드는 추세이며, 편의점 유통은 2018년까지 증가세를 보이다 팬데믹 이후 크게 감소하는 경향을 나타내고 있다.

채널별 간편식 유통비중 변화 (단위 : %)

출처 : 유로모니터, Ready Meals in South Korea(2020.12)

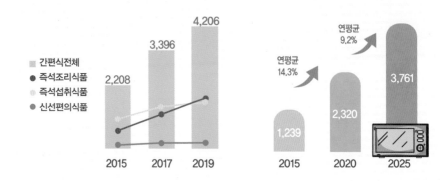

국내 간편식 시장규모(단위 : 십억원)

4,206

3,396

2,208

■ 간편식전체
● 즉석조리식품
○ 즉석섭취식품
● 신선편의식품

2015   2017   2019

국내 레디밀 시장전망(단위 : 십억원)

연평균
9.2%

연평균
14.3%

3,761

2,320

1,239

2015   2020   2025

출처 : 식약처, 2019년 식품 및 식품첨가물 생산실적(2020.9)/즉석식품류 국내판매액 기준; 유로모니터, Ready Meals in South Korea(2020.12)/냉장도시락, 냉동피자 등 일부 불포함

국내 간편식 시장 전망

- aTFIS 식품산업통계 : 저탄고지 · 저칼로리 · 운동 등 맞춤식단 인기

- 가정간편식 4조 2,000억 규모…연간 9.2% 성장

- 즉석조리 1조 7,000억 – 즉석섭취 식품 1조 6,000억

- 단호박 · 감자샐러드 파우치, 짜먹는 제품에 관심

- 국내 레디밀(Ready Meal) 제품 시장이 지난해 2조 3,200억원 규모로 성장

- 2025년까지 3조 7,610억원 규모로 커질 것이라는 전망

- 코로나19로 냉동 도시락과 샐러드의 수요가 급증

- 저탄고지를 내세운 제품과 양을 늘리고 칼로리를 낮춘 제품이 주목

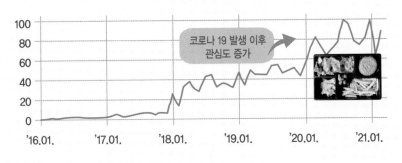

냉동 도시락 검색량(단위 : 점)

> 코로나 19 발생 이후 관심도 증가

샐러드 검색량(단위 : 점)

> 코로나 19 발생 이후 관심도 급증
> 매년 봄철 관심이 증가, 겨울철에 하락하는 특징

출처 : 푸드아이콘–FOODICON(http://www.foodicon.co.kr)

도시락 및 샐러드 검색량

- 코로나19로 내식이 늘면서 보관 및 조리가 편리한 냉동 도시락과 간편 샐러드 제품에 대한 관심 증대
- 칼로리 섭취량을 낮춘 끼니당 약 300kcal 수준의 다이어트 도시락과 저탄고지 제품, 당뇨 · 운동인 맞춤식단 등이 인기
- 간편하게 건강을 챙기고자 하는 수요가 늘면서 샐러드 믹스 제품이 인기
- 샌드위치에 활용할 수 있는 계란, 단호박, 감자 샐러드 인기
- 샐러드 정기 배송 수요 증대

최근 3년간 도시락 검색순위 상승 품목

key1. 식단관리-다이어트/당뇨/운동

고온어도시락 　허닭도시락 　저탄고지도시락 　키토도시락
(6-5-4위) 　(6-5-4위) 　(18-16-9위) 　(X-38-17위)

당뇨도시락 　단백질도시락 　띵커바디도시락 　곤약도시락
(42-25-19위) 　(24-23-22위) 　(68-64-30위) 　(X-51-38위)

key2. 든든함 　　기타

양많은도시락 　온더고도시락
(X-74-16위) 　(X-11-6위)

벌크업도시락 　진미담덮밥
(100-54-47위) 　(X-13-11위)

포르미인생도시락
(X-100-64위)

고온어도시락 　허닭 곤약도시락

인생도시락 　온더고도시락

출처 : 푸드아이콘-FOODICON(http://www.foodicon.co.kr)

인기 도시락 상승 품목 메뉴 사례

3) 포스트코로나 시대의 식품산업 전망

코로나19사태가 장기화됨에 따라 산업 전반에 걸쳐 경제의 불확실성과 회복속도가 느려지며, 세계 경기가 국내 경기에도 영향을 줄 수 있다는 부분들이 식품산업에 영향을 줄 것으로 전망하고 있다.

- 인구구조의 변화 : 1인가구, 고령화, 인구정체(감소)
- 안전성 및 건강에 대한 관심 증대
- 4차 산업혁명의 시대 도래
- 경쟁 영역의 불확실성 : 융합의 가속, 식품 고유 영역의 불확실, 소비자 요구의 변화
- 가정에서의 식품소비 증대로 인한 성장 기회
- 국민의 건강 및 안전성 관심 증대로 건강기능성식품 수요 증대
- 세계에서의 K-팝, K-드라마/영화의 인기 증가로 K-푸드 인기 증가

이해하기 쉬운 호텔외식경영

work book

워크북은 책에 나오는 중요한 내용들을 다시 정리해 보는 페이지입니다.

1-1.	관광의 정의 중, 우리나라의 관광의 정의와 세계관광기구의 정의에서의 공통점은 무엇인지 서술하시오.

- 위 그림에서 page는 해당 내용이 있는 페이지입니다.
- 위의 예에서 '1-1.은 part 1(1장)의 1.을 의미하며 part-장-절-하위번호 순으로 참고할 페이지를 명시'하였습니다.
- 학습내용은 해당 페이지에서 답을 찾을 수 있습니다.
- 중요한 내용을 다시 정리하면서 복습해 보시기 바랍니다.

3-1-1	식품산업을 간략하게 정의하고 관련산업을 구분해 보시오.

3-1-2	식품산업의 5가지 특징을 간략하게 서술하시오.

3-1-3	식품산업이 중요한 이유를 서술하시오.

| 3-1-3 | 한국 식품산업의 발전을 위해 무엇을 해야 하는지 서술하시오. |

| 3-2-1 | 식품산업을 광의의 의미로 구분지어 서술하시오. |

| 3-2-1-3) | 국내 식품산업규모가 해마다 커지는 이유는 무엇인지 서술하시오. |

3-2-1-4)	국내 식품회사 중 평상시 자신이 이용해본 경험이 있는 회사를 모두 나열하여 서술하시오.

3-2-2-1)	음식서비스업의 온라인쇼핑 거래규모가 커진 이유는 무엇인지 서술하시오.

3-2-2-2)	가정간편식(HMR)이 활성화된 이유는 무엇이며, 국내 시장 상위권을 차지하고 있는 밀키트 브랜드에는 어떤 것이 있는지 서술하시오.

3-2-2-2) 국내 간편식 시장의 향후 전망에 대해 서술하시오.

3-2-2-3) 포스트 코로나 시대 식품산업의 미래를 예측해 보자.

3-2-2-3) 포스트 코로나 시대의 식품산업이 외식산업에 어떤 변화를 가져올지 서술하시오.

연습문제

1 우리나라 식품산업매출규모에 가장 근접한 수치는?

　　① 130조　　　　　　　② 230조

　　③ 330조　　　　　　　④ 440조

2 최근 코로나사태와 같은 사회적 변화요인으로 급상승하고 있는 분야는?

　　① 식품가공　　　　　　② 물류서비스

　　③ 대체육　　　　　　　④ 온라인쇼핑

3 2000년대 들어와 우리나라 식품산업의 변화요인이 아닌 것은?

　　① 인구구조　　　　　　② 고령사회 진입

　　③ 1인가구의 증대　　　④ 근로시간 증가

4 우리나라 식품산업에서 건강기능상품 및 서비스 수요가 증대하고 있는 가장 주요한 원인은 무엇인가?

　　① 고령화　　　　　　　② 양극화

　　③ 전문화　　　　　　　④ 인구감소

5 최근 코로나사태와 같은 사회적 문제로 인한 수요변화가 아닌 것은?

　　① HMR 소비가 크게 증가

　　② 밀키트의 소비가 크게 증가

　　③ 라면소비 등 즉석식품의 수요가 증가

　　④ 대체육의 수요 증가

6 소비자들이 가정에 머무는 시간 증가로 나타난 현상이 아닌 것은?

① 가정용품소비 증가

② 식품소비증가

③ HMR, 밀키트의 수요 증가

④ 외식증가

7 최근 한국음식(K-푸드)의 인기 증가에 가장 큰 영향을 준 것은?

① 한국의 선진국 진입

② 북핵문제

③ K-팝, K-드라마/영화의 인기증가

④ 건강기능성식품 수요증가

8 다음 중 우리나라 식품산업의 변화를 줄 전망요인이 아닌 것은?

① 인구구조의 변화 : 1인가구, 고령화, 인구정체(감소)

② 안전성 및 건강에 대한 관심 증대

③ 4차 산업혁명의 시대 도래

④ 한식세계화

정답

| 1 | ② | 2 | ④ | 3 | ④ | 4 | ① | 5 | ④ | 6 | ④ | 7 | ③ | 8 | ④ | | | |

PART 4

4차 산업혁명과 푸드테크

학습목표

- 푸드테크에 대한 정의(Definition)를 학습한다.
- 외식산업의 전망에 대해 학습한다.

01
4차 산업혁명의 개념

4차 산업혁명(The 4th Industrial Revolution)이라는 용어는 2016년 세계 경제 포럼에서 처음 언급되었다. 4차 산업혁명이란 인공지능(AI : Artificial Intelligence), 사물인터넷(IoT : Internet of Things), 빅 데이터(Big Data), 모바일(Mobile) 등 첨단 정보통신기술을 통해 경제 및 사회에 큰 변화를 주는 산업혁명을 말한다.

역사적으로 산업을 이끄는 변화는 소비자와 더불어 사회 전반에 걸쳐 많은 산업군의 변화를 가져왔으며 발전을 거듭해 왔다.

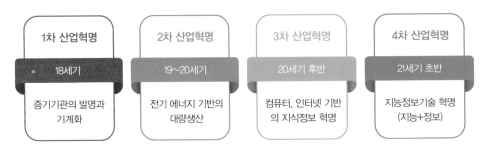

1차 산업혁명	2차 산업혁명	3차 산업혁명	4차 산업혁명
18세기	19~20세기	20세기 후반	21세기 초반
증기기관의 발명과 기계화	전기 에너지 기반의 대량생산	컴퓨터, 인터넷 기반의 지식정보 혁명	지능정보기술 혁명 (지능+정보)

시대별 산업혁명

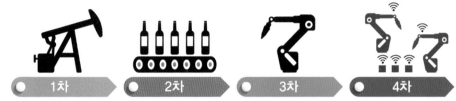

시기	18세기 후반	20세기 초반	1970년대	21세기 초반
최초 적용	기계식 방적기 (1784)	콘베어식 도축장 (1870)	Modicon PLC (1969)	스마트팩토리 KL (2005)
주도 국가	영국	미국	일본, 미국, 독일	독일
혁신 기술	증기기관	전력, 컨베이어벨트	IT, 컴퓨터, 로봇	사물인터넷, 클라우드, 인공지능, 빅데이터
소통 방식	책, 신문 등	전화기, TV 등	인터넷, SNS 등	사물인터넷(IoT), 서비스간인터넷(IoS)
기술 특징	기계식 생산 체제	작업 표준화, 분업, 대량생산	공장 자동화	Online-offline의 결합, 기계 능동적 판단
생산 통제	사람	사람	사람	기계 스스로
시장의 변화	부르주아 계급의 탄생	소품종 대량 생산	생산성 혁명	다품종 소량 생산, 일자리의 변화
기존 설비 대체율(%)	100	10~20	80~90	40~50

세계 산업혁명의 변천사

- 제1차 산업혁명은 1760년 영국에서 비롯되어 1830년까지 이어진 큰 변화로 석탄, 증기기관, 직물산업, 도로와 운하, 제철법, 철도 등이 그 당시의 기술적인 혁신으로 꼽힌다. 1차 산업혁명을 선도한 대표적인 산업은 직물 분야이다.

- 제2차 산업혁명은 산업혁명의 두 번째 단계를 표현하는 용어로 일반적으로 1865년부터 1900년까지로 정의되며 화학, 전기, 석유 및 철강 분야의 기술적 혁신이 2차 산업혁명을 대표한다.

- 제3차 산업혁명(Third Industrial Revolution)은 경제학자 제레미 리프킨(Jeremy Rifkin)과 같은 경제학자들이 내다본 당시로써 미래의 사회 모습이었다. 20세기 중반 컴퓨터, 인공위성, 인터넷의 발명으로 촉진되어 일어난 산업혁명이며, 이전에 없었던 정보 공유 방식이 생기면서 정보통신기술이 본격적으로 발달하기 시작했고, 이후 초기에는 보급이 더뎠으나, 기술이 발전되며 훨씬 더 가속되었다.

02

4차 산업혁명과 외식산업의 미래

외식산업에 있어 4차 산업혁명의 화두 중 하나는 푸드테크(Food tech)이다. 푸드테크(Food tech)란 식품(Food)과 기술(technology)의 합성어로 식품산업과 관련 산업에 앞에서 설명한 인공지능, 사물인터넷, 빅데이터 등의 4차 산업기술을 적용하여 새로운 산업을 창출하는 기술을 말한다.

4차 산업의 기반이 되는 IT(Information Technology)기술은 눈부시게 발달해 왔다. 이는 3차 산업혁명에서 이미 지식정보 혁명을 통해 단련된 덕분이다. 이제는 거의 모든 사람이 소유하고 있는 모바일 폰으로 온라인을 이용한 음식주문, 배달서비스는 일상화되어 있다. 이런 변화는 단기간에 유행할 것이 아니라 앞으로 더욱 빠르게 발전할 것이라 예상하고 있다. 다음의 그림은 4차 산업혁명에 의한 외식산업변화의 단편적인 예이다.

출처 : LG이노텍 홈페이지

4차 산업혁명과 외식산업의 변화

03
외식산업과 푸드테크

배달 애플리케이션이나 식당을 이용할 수 있는 앱은 이미 익숙한 서비스가 되었으며, 이것은 단순히 스마트폰의 발전으로 이루어진 소비 형태가 아닌 푸드테크기술이 기반이다. 정보통신기술과 같은 융합에 의한 푸드테크기술은 식량자원을 생산하는 데 스마트팜 등에 이용될 뿐 아니라 식품의 제조, 가공, 저장, 판매, 외식 및 가정에서의 식품 소비에 이르기까지 폭넓게 활용될 것이다.

4차 산업혁명 시기의 초연결사회(hyper-connected)에서는 식품 및 외식산업에도 많은 변화가 이루어질 것으로 예상되는데 현재의 기술로 잘 알려진 3D프린팅, 사물인터넷, 인공지능, 클라우드, 바이오 등의 기술이 융합되어 지능화된 기술로 발전할 것으로 전망하고 있다.

초연결사회

초연결(hyper-connected)이라는 말은 2008년 미국의 IT 컨설팅 회사 가트너(The Gartner Group)가 처음 사용한 말이다. 초연결사회는 인간과 인간, 인간과 사물, 사물과 사물이 네트워크로 연결된 사회이며, 이미 우리는 이런 초연결사회로 진입해 있다고 했다.

이 용어는 제4차 산업혁명의 시대를 설명하는 특징 중 하나를 설명하는 말로 모든 사물들이 마치 거미줄처럼 촘촘하게 사람과 연결되는 사회를 말한다. 초연결사회는 사물인터넷(IoT : internet of things)을 기반으로 구현되며, SNS(소셜 네트워킹 서비스), 증강 현실(AR) 같은 서비스로 이어진다.

출처 : 과학백과사전

출처 : 한국외식산업경영연구원

푸드테크의 산업연계성

　다음의 예는 외식산업에 있어 푸드테크가 어떻게 적용되고 있는지를 살펴보는 대표적인 사례들이다.

1. 주문배달 · 스마트 오더

푸드테크 트렌드에 맞춘 주문시스템의 예는 커피브랜드의 다양한 원격주문시스템에서 찾아볼 수 있다. 아래는 이미 실행되고 있는 고객 편의를 높인 원격 주문 서비스의 사례이다. 모바일 앱을 통해 가까운 매장을 선택한 후 메뉴를 미리 주문하고 나중에 찾아갈 수 있는 원격주문 서비스는 매장에 가서 주문하고 대기해야 하는 불편함을 없애는 시스템으로써 호평받고 있다.

커피업계들의 온라인 주문을 위한 푸드테크는 스타벅스로 인해 시작되었다. 2014년 5월, 한국 스타벅스에서 최초로 도입한 '사이렌오더'는 푸드테크 기반으로 만들어진 시스템이며, 매장 반경 2km 내 근거리에서 사용자가 주문 및 결제를 할 수 있는 시스템으로 이를 휴대폰에서 구현할 수 있도록 앱으로 배포되었다.

이 덕분에 고객은 방문 전 선주문 후 기다리는 시간 없이 상품을 받을 수 있는 것이다. 여기에 커피브랜드의 각 업체들은 원격 주문과 함께 마일리지, 쿠폰, 발렛 오더 서비스 등 다양하고 차별화된 혜택을 제공하여 고객들에게 호평받는 추세이다.

출처 : 스타벅스, 투썸플레이스, 드롭탑, 탐앤탐스 홈페이지

스마트오더

2. 배달 앱

배달은 푸드테크 중 가장 활성화된 부분이다. 특히 배달 앱은 일반 소비자에게 많이 알려져 있고 사용도 간편해 시장 규모가 커지고 있다. 주요 업체는 배달의 민족, 쿠팡, 요기요 등이며 이들이 시장의 90% 이상을 점유하고 있는 것으로 알려졌다. 공정거래 위원회에 따르면 2021년 온라인 음식 서비스 거래의 국내 배달음식 시장 규모는 23조 원으로 추산하고 있다.

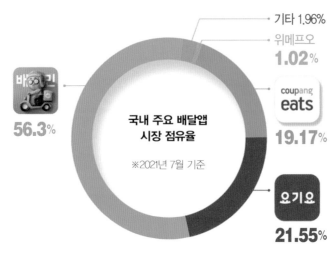

출처 : 경제뉴스 이코노미스트

2021년 국내 배달앱 점유율 비교

3. 무인 주문 시스템 키오스크(Kiosk)

키오스크(Kiosk)를 국립국어원의 정의에서는 무인 안내기, 무인 단말기 또는 간이 판매대, 간이 매장으로 정의하고 있다. 이런 무인판매시스템에서 진화한 것이 오늘날의 인터랙티브 키오스크(Interactive kiosk)라는 대화형 판매시스템이며 줄여서 키오스크라는 말로 통용되고 있다.

이미 키오스크(kiosk)는 상용화되어 널리 보급되어 더 이상 낯선 시스템이 아니며 오히려 자연스런 시스템이 되었다. 특히나 비대면이 필요한 환경변화도 키오스크(kiosk)의 보급과 활성화에 큰 역할을 하였고 외식시장의 인력부족을 해소하는 방안으로 키오스크(kiosk)는 환영받고 있다. 키오스크의 장점인 인건비 절감효과는 외식사업을 경영하는 사업주들에게는 큰 매력 포인트이다.

국내 적용사례로 2015년 매장에 키오스크를 처음 도입한 맥도날드는 2021년 약 5년 만에 전체 매장의 약 70%인 280여 곳에 키오스크를 설치했으며, KFC는 이미 2018년 주요 프랜차이즈 가운데 최초로 전국 모든 매장 200여 곳에 키오스크를 도입했다. 맘스터치도 전체 1,300여 개 매장 가운데 33%에 키오스크가 설치돼 있다.

출처 : 삼성전자

키오스크

4. 스마트 키친

제4차 산업혁명은 가정에서 주방을 매우 혁신적인 공간으로 진화시켰다. 인공지능(AI)과 사물인터넷(IoT), 로봇 기술의 발전에 따라 주방에 첨단 과학기술을 적용하는 스마트 키친은 더 이상 공상이 아닌 현실로 성큼 다가오고 있다. 이미 이런 기술들이 휴대폰 안에서 이루어지고 있다.

출처 : 삼성전자 뉴스룸 CES2021

스마트싱스(SmartThings) 쿠킹

스마트 키친에서 매우 중요한 위치를 차지하는 냉장고는 전 세계 가전업체들이 가장 주목하며 경쟁적으로 개발하고 있는 스마트 장비다. 냉장고가 이제는 단순히 음식을 보관하는 용도에서 식재료의 유통기한 관리, 재고관리, 필요한 물품의 구매정보를 제공하며 아울러 냉장고가 세대원들이 섭취하는 음식물을 확인하여 영양소를 고려한 식단을 제안하는 영양사 역할까지 한다.

출처 : 삼성전자 뉴스룸 CES2021

삼성 비스포크 4D 플렉스 냉장고

이미 상용화된 주방시스템들의 간단한 사례를 예로 들어보면, 가스를 사용하는 가스레인지가 전기를 사용하는 인덕션(induction)과 같은 시스템으로 대체되고 있으며 한 발 더 나가 시스템에 IoT기술을 적용하여 조리하는 기기 주변에서 조리방법을 알려주고 조리할 때 주방 내 환기시스템이 실내 공기오염을 줄이기 위해 자동으로 작동되는 등 주방시스템에도 푸드테크기술이 적용되고 있다.

과거 아파트에서 주방이 단절된 문을 없애고 식당을 통해 거실과 연결되기까지 꼬박 20년이 걸렸으나 스마트 키친은 빠른 속도로 진화하고 보급되고 있다.

한국외식산업경영원에 따르면 가정뿐 아니라 산업 전반에 걸쳐 우리나라도 빅데이터를 활용한 식재료의 관리, 식당 무인화, 의료·건강 빅데이터 기반 지능형 의료 서비스와 외식, 증강현실과 외식, 스마트 주방 공유 분야의 발전 속도는 더욱더 빨라지고 있다고 한다. 매년 새로운 기술과 제품들로 변화 속의 삶이 펼쳐지고 있으며 이 속도에 편승하려면 소비자들도 공부해야 하는 시대가 도래하였다.

5. 푸드 로봇

1) 서빙 로봇

공상과학 영화에서나 보던 로봇에 의한 일상생활의 서비스가 점차 현실화되고 있으며 자리 잡아가고 있다. 식당에서는 서비스 로봇에 의해 음식을 운반하고 빈 그릇을 치우는 업무를 로봇이 대신해 가고 있다. 현재는 단순 운반 수준의 일을 로봇이 수행하나 앞으로 기술 수준이 향상되면 보다 복잡한 업무를 수행하게 되리라 본다.

시장조사기관 스트래티지 애널리틱스에 따르면 전 세계 서비스 로봇 시장 규모는 2019년 약 35조원에서 2024년 약 138조원으로 성장하리라 예상하고 있으며, 국내 서빙 로봇 시장 규모는 2021년 1,000대 수준에서 2022년에는 3배 늘어난 3,000대 규모로 커질 것으로 예상하고 있다.

출처 : 브이디컴퍼니

자율주행 서빙로봇

2) 바리스타 로봇

커피를 만드는 일은 기계에 의해 커피를 추출한 후 얼음, 또는 물을 타거나 데커레이션을 하는 등의 과정을 거쳐 완성된다. 이런 일들을 기계가 하고 있다. 이미 몇몇 기업에서는 상용화하여 24시간 근무하는 바리스타를 두고 사업을 하고 있다.

출처 : LiVE LG

바리스타 로봇

우리나라 로봇카페 프랜차이즈 비트코퍼레이션(비트)은 최근 100호점 매장을 열었다. 로봇 바리스타인 비트 2세대 모델의 사전 생산 물량도 모두 판매했으며 2021년 100억원 규모의 투자를 받은 데 이어 매장 수를 늘려가고 있다.

출처 : 비트코퍼레이션

로봇카페

4차 산업이 반영된 외식공간(성수동 위치 CAFE : BOT)

아래 사진은 성수동에 위치한 바리스타 로봇과 바텐더 로봇의 현장 적용사례이다. 음료를 추출하는 단순 업무부터 음료 위에 그림을 그리고, 칵테일을 제조하여 믹스하는 일을 빈틈없이 신속하게 수행한다. 이미 로봇에 의한 단순기술은 상용화되어 확산되고 있으며 가격도 점차 저렴해지고 있어 빠른 시일 내에 인력을 대체하게 될 것으로 전망된다.

출처 : 공저자 촬영 제공

카페 봇의 바리스타 로봇과 바텐더 로봇

푸드테크가 반영된 스타트 기업(성수동 위치 CAFE: BOT)

2017년 설립된 "테이블매니저"는 카카오·네이버 등을 통해 인공지능(AI) 예약 관리·마케팅 서비스를 제공하는 스타트업 회사이다. 핵심 서비스는 노쇼(예약 부도) 방지 시스템이다. 온더보더, 서울랜드 외식사업부, 이랜드이츠(애슐리, 자연별곡 등), 엔타스 그룹(경복궁, 삿뽀로, 고구려 등), 가온, 알라프리마, 울프강 스테이크하우스 등 국내 유명 프랜차이즈 기업들을 비롯해 전국 5000여 곳이 테이블매니저의 솔루션을 활용하고 있다.

최훈민 대표는 앞으로 "외식, 공공, 의료, 레저 등 예약이 필요한 모든 분야를 돕는 AI 기반 데이터 마케팅 기업으로 성장해 나갈 것"이라고 했으며, "테이블매니저"로 모든 예약을 한 곳에서 통합 관리하여 효율적으로 예약을 관리하고, 예약과 매출이 동시에 증가 카카오 챗봇 예약, 네이버 예약, 전화 예약, 신용카드사 예약 등 여러 채널에서 발생하는 예약에 대한 통합 관리가 가능하다.

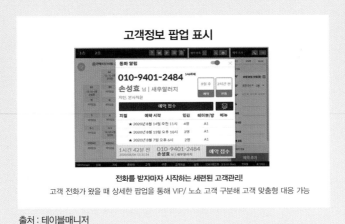

고객 DB 기반 마케팅 전개

"저번에 왔던 그 손님, 오늘 또 오도록!"
고객 데이터 기반의 효과적 마케팅 가능! 시간대별, 예약 횟수별, 메뉴별 등 다양한 통계
기반 마케팅 메시지 전송 가능

출처 : 테이블매니저

고객정보 팝업 표시

전화를 받자마자 시작하는 세련된 고객관리!
고객 전화가 왔을 때 상세한 팝업을 통해 VIP/ 노쇼 고객 구분해 고객 맞춤형 대응 가능

출처 : 테이블매니저

6. 스마트팜

1) 스마트팜(지능형 농장)이란?

정보통신기술(ICT)을 활용해 '시간과 공간의 제약 없이' 원격으로, 자동으로 작물의 생육환경을 관측하고 최적의 상태로 관리하는 과학 기반의 농업방식이다. 농산물의 생산량 증가는 물론, 노동시간 감소를 통해 농업 환경을 획기적으로 개선한다. 빅데이터 기술과 결합해 최적화된 생산·관리의 의사결정이 가능하다. 최적화된 생육환경을 제공해 수확 시기와 수확량 예측뿐만 아니라 품질과 생산량을 한층 더 높일 수 있다.

(1) 스마트팜의 운영원리와 적용분야

- 생육환경 유지관리 소프트웨어(온실·축사 내 온·습도, CO_2 수준 등 생육조건 설정)
- 환경정보 모니터링(온·습도, 일사량, CO_2, 생육환경 등 자동수집)
- 자동·원격 환경관리(냉·난방기 구동, 창문 개폐, CO_2, 영양분·사료 공급 등)

출처 : 스마트팜코리아 누리집

2) 해외의 스마트팜

유럽, 미국 등은 적극적인 정부 지원과 함께, 자체 개발 시스템을 적용해 생산성 향상과 경비 절감에 초점을 맞춰 스마트팜 시장을 선도하고 있다.

유럽연합(EU)은 정밀농업분야에 대한 연구역량과 회원국 간의 연구협력네트워크를 강화하고, 농업과 정보통신기술(ICT) 융합 연구개발의 효율성을 높이기 위해 국제 공동 연구 프로젝트(EU ICT-AGRI 프로젝트)를 2009년부터 2017년까지 진행했다. 그 중, 세계 원예산업을 주도하고 있는 네덜란드는 원예산업 산학협력지구를 조성해 기업, 연구기관, 정부가 산·학·연 협업을 이루며 기술혁신을 추진하고 물류를 비롯한 기반시설을 제공했다.

특히, 네덜란드는 생육분석 플랫폼, 영상분석 등 데이터기반 생산기술과 자동화, 생산·품질관리, 수출까지 전 과정에 과학영농을 실험하고 있다. 네덜란드 테르누젠시는 지속가능한 온실사업 중 하나로 남은 열을 활용하는 프로젝트(heating network)를 구축하여 원예 분야에서 가장 주목받고 있다.

한편, 미국의 경우, 90년대부터 장기적으로 지속가능한 농업 및 환경 촉진을 주요 전략으로 설정했다. 그 영향으로 미국 농업은 영농규모가 크고 첨단기계의 사용이 활발해졌고, 농산물 생산량과 교역량 측면에서 세계적으로 높은 비중을 차지하고 있다. 농무부를 중심으로 농업-ICT융합 연구개발 정책을 추진하고 있고, 주로 장기적이고 고위험·고수익(Hish Risk, High Return) 과제를 추진하고 있다(대한민국 정책브리핑 정책 위키).

7. 뉴 푸드(New Food), 대체 먹거리

최근 육류 소비로 인한 환경문제, 건강에 대한 인식, 동물을 사육하고 도축하는 데 따른 윤리문제 해결 대안으로 떠오른 대체육이 새로운 소비 트렌드로 부상하고 있다.

대체육(alternative meat)이란 육류를 대신할 수 있는 대체식품으로 초기에는 '인조고기'라 불렸으며, 콩을 주원료로 만든 고기와 비슷한 질감의 식물성 인조고기였다. 오늘날 식품제조 기술의 발전으로 실제 육과 비슷한 외형, 식감을 갖추게 되면서 육류를 대체할 수 있는 '대체육'으로 통용되고 있다.

농촌진흥청에 따르면 전 세계 대체육 시장은 지속 성장이 추세이며, 해외 시장은 푸드테크 기업이 주도하고 있고, 국내 시장에서는 채식선호 트렌드와 함께 성장할 것으로 예상된다. 아울러 세계 대체육 시장 규모는 2019년 47억 달러 규모로 2023년에는 60억 달러 규모로 전망된다.

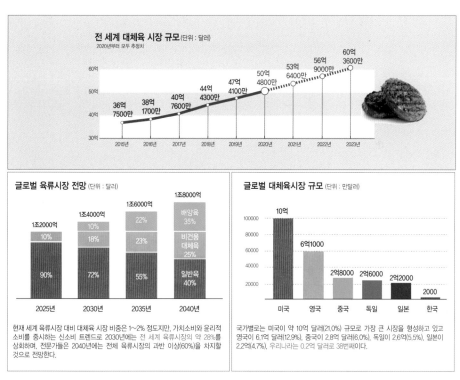

출처 : 농촌진흥청

대체육 시장규모

최근 국내에서도 환경 문제와 식량 문제가 대두되면서 신성장 동력으로 주목받고 있다. 국내 대체육 시장 규모는 약 200억원 수준이며, 인식의 변화로 관련 수요가 빠르게 늘고 있어, 지속적 성장이 예측되는 시장이다. 아울러 HMR을 대량생산하는 산업화 단계로 진화하고 있다.

앞에서 사례로 살펴본 바와 같이 4차 산업혁명으로 인한 외식산업의 기술적 발달과 진화는 무척 빠른 속도록 진행되고 있다. 지금까지 익숙했던 외식산업은 전혀 다른 형태로 변하게 될지도 모른다. 산업 전반에 걸쳐 국가경쟁력 확보를 위해서 박차를 가해야 하는 시점이다.

해외에서는 이미 4차 산업혁명에 대한 준비와 이를 위한 사업의 진출속도가 더욱 빨라지고 있다. 한국외식산업경영원에 따르면 우리나라도 빅데이터 활용 식재료 관리, 식당 무인화, 의료·건강 빅데이터 기반 지능형 의료 서비스와 외식, 증강현실과 외식, 스마트 주방 공유 등의 분야의 발전 속도는 더욱 빨라지고 있다고 한다. 매년 새로운 기술과 제품들로 변화 속의 삶이 펼쳐지고 있다. 속도에 편승하려면 소비자들도 공부해야 하는 시대이다.

8. 스마트 패키징

스마트 패키징(smart packaging)이란 기존 제품 포장보다 향상된 기능을 제공하기 위해 4차 산업기술이 융합된 포장기술이라고 할 수 있다.

스마트 패키징 기술은 포장된 식품의 보존수명을 유지하거나 연장하기 위한 목적으로 포장필름 또는 포장용기에 특정한 첨가제를 혼입하는 방식의 능동형 패키징(active packaging)과 음식 보존재와 포장재의 정보제공 기능 및 식품의 품질변화 및 물류정보를 제조업체, 유통업체, 소비자에게 전달하는 기능을 갖고 있는 지능형 패키징(intelligent packaging)으로 구분할 수 있다.

또한 미국의 식품매체인 푸드다이브(Food Dive)는 2018년 미국 식품기술연구회(Institute of Food Technologists : IFT) 회의에서 '인텔리전트 패키징(Intelligent Packaging)'과 '액티브 패키징(Active Packaging)' 등 식품의 스마트 패키징 기술에 대해 언급하였는데 인텔리전트 패키징은 음식의 신선도를 디지털 색 변화로 감지해 표시하는 포장기술로 이 기술이 적용된 패키징의 경우 만약 육류를 포장하여 유통하는 과정에서 제품이 상하거나 신선도에 문제가 생겼을 때는 포장지에 적용된 센서가 신선도를 제조사와 소비자에게 제공해 준다.

액티브 패키징은 식품의 유통기한을 연장할 수 있는 기술로서 포장 내 산소량을 낮게 유지하여 박테리아 번식을 억제하며 식중독을 일으키는 식품 오염을 방지하는 등의 기술이다. 액티브 패키징 기술은 식품 포장재에 항균물질과 산화방지제 등의 화합물을 코팅해 식품 신선도를 유지하는 보존제 역할을 할 수 있다.

2020년을 선도할 식품 패키징 트렌드

(1) 테크놀러지를 접목한 '스마트패키징'

최근 가장 주목받는 패키징 기술은 단연 스마트패키징(Smart Packaging)이다. 스마트패키징은 기술을 활용한 센서기술로 산도(PH), 온도, 발효도 등을 확인해 식품의 손상을 알려주는 포장법이다.

버드와이저는 지난 2018년 월드컵 당시, 월드컵관중들의 응원열기와 에너지를 상징하는 월드컵 스페셜전용잔 '레드라이트컵(Red Light Cup)'을 50여 개국에 선보인 바 있다. 관중의 함성 크기에 반응해 점등되는 레드라이트컵은 버드와이저의 열정을 상징하는 빨간 불빛을 내뿜도록 특별 디자인되었다.

과자생산업체인 프리토레이(Frito Lay)도 지난 2017 슈퍼볼에서, 소비자가 직접 음주여부를 알 수 있는 알코올센서, LED조명, NFC칩을 삽입한 '토스티토스'패키지를 선보였다. 이를 통해 술을 마신 소비자가 운전을 하는 대신 우버를 탈 수 있도록 유도했다.

과자 봉지를 통해 음주를 측정하는 스마트패키지

(2) 다양한 패키징 트렌드

요즘 소비자는 제품 그 이상의 것을 원한다. 한 연구에 따르면 소비자들은 브랜드를 결정할 때 정보보다는 감정에 영향을 받는 것으로 조사됐다.

감정적인 콘텐츠를 원하는 것이다. 음료브랜드 '페이퍼보트'는 추억 브랜딩을 앞세웠다. 어릴 때 가지고 놀던 종이배를 연상시키는 제품명과 그림으로 소비자의 추억을 불러일으켰다.

빈티지디자인은 향수를 불러일으킨다. '빈티지'라는 용어 자체가 지나간 시간을 상기시켜 행복한 감정을 회상시킨다.

아이스크림브랜드 반리우엔(Van Leeuwen)은 1950년~1960년대를 연상시키는 독특한 글씨체와 파스텔색상을 사용해 심플하지만 세련된 디자인으로 많은 사랑을 받고 있다.

반리우엔의 빈티지 패키지

바쁜 현대인들이 크게 늘면서 '온더고(on the go)' 라이프 스타일에 맞는 패키지도 인기다. 소비자가 쉽게 잡고, 먹고, 운반할 수 있는 옵션들이 등장하고 있다.

맥도날드는 자전거를 타고 매장을 찾은 고객들을 위해 McBike패키지를 선보였다. 이 패키지를 사용하면 햄버거, 프렌치프라이, 음료를 자전거 핸들에 걸 수 있다. 던킨도너츠도 커피 컵에 크림, 설탕을 넣고 간편하게 들 수 있는 커피컵 뚜껑을 선보였으며 비타팩(Vita Pack)사도 1kg 미만의 과일을 손쉽게 들 수 있는 종이기반의 패키지를 선보였다.

자전거 핸들용으로 제작된 맥도날드의 McBike

1kg 미만 일회용 포장지

미니멀은 제품 패키지분야에도 통한다. 화려한 그래픽, 서체와 디자인에서 벗어나 단순하지만 명확한 포장이 인기다. 이런 트렌드는 스낵바, 케첩, 음료병 등에 적용되고 있다.

포장업체 Milacron이 선보인 투명 캔 제품

2020년 패키징 및 소비자패턴에 관한 연구에 따르면 소비자의 38%가 정확한 제품정보가 설명되어 있는 신제품을 구매할 의사가 있다고 답했다. 소비자들은 직접 먹는 성분에 대해 정확하게 알고 싶어 한다.

패키지의 작은 글씨 대신 투명한 포장으로 제품을 직접 볼 수 있고 정확한 라벨을 사용한 제품을 선호한다.

건강식 배달앱 Eat.fit은 제품에 작은 글씨로 음식을 설명하는 대신 투명한 패키지를 채택해 소비자들이 직접 눈으로 신선도를 확인할 수 있게 패키지를 디자인했다.

이런 클린라벨은 브랜드의 인지도를 높여 구매와 연결됐다. 딜로이트 소비자리뷰에 따르면 밀레니엄세대 및 Z세대의 50% 이상은 개별 포장된 제품을 선호한다. 코카콜라도 병에 이름을 인쇄할 수 있는 서비스를 실행한 후 이와 관련된 선물 주문이 크게 늘었다.

업체들은 백, 스티커, 선물태그들을 활용해 제품에 대한 인지도를 높였다.

개별 맞춤 포장된 코카콜라 제품

친환경 기업 이미지를 위한 포장패키지를 개발해야...

캘리포니아주는 지난 9월부터 일회용 플라스틱 빨대 사용 금지를 공식적으로 선언한 첫 번째 주가 되면서 에코 프랜들리(Eco-Friendly) 열풍이 불고 있다.

실제로 커피전문점들도 원하는 고객에게만 빨대를 제공하며 개인용 텀블러를 가져오는 고객에게는 일부 할인을 하는 등 일회용 쓰레기를 줄이고자 노력한다.

소셜 미디어에서도 '#ZeroWaster', '#Lifewithoutplastic' 등이 해시태그로 많이 사용되고 있다.

이 같은 친환경적 소비는 식품 패키지에서도 플라스틱과 비닐 사용을 최소화해 쓰레기를 최대한 줄이는 모습으로 발현되고 있다. 미세플라스틱 등 환경 관련 문제가 이슈화되면서 친환경 소비에 대한 니즈와 플라스틱 용기에 대한 소비자의 거부감이 커지고 있는 추세인 만큼, 한국 기업들도 일회용 플라스틱 사용을 줄이고 친환경 기업의 이미지를 심어줄 수 있는 포장 패키지를 개발한다면 성공적인 미국시장 진출에 도움이 될 것으로 예상된다.

출처 : www.bizongo.com, www.fooddive.com, USA LA지사, 글로벌리포트 93호

9. 핀테크와 푸드테크, OTO, AI, SNS

중국은 일본 외식산업에 이어 1979년 개혁 개방 이후 40년 만에 외식업 시장 규모가 세계 2위로 성장했다고 평가받고 있다. 특히 핀테크와 푸드테크, OTO, AI, SNS부분에 있어 눈부신 발전을 거듭하고 있다.

중국의 4차 산업혁명과 외식산업에 대한 사례를 드는 것은 최근 중국의 외식산업이 한국보다 앞서고 있다는 평가를 받고 있으며 전 세계적으로 4차 산업혁명에 대해 앞서고 있다는 평가를 받고 있어서이다. 이것은 중국의 개방정책과 기술의 발전과 깊은 연관이 있다.

이는 중국의 인구와 소비되는 외식의 규모로써도 이미 압도적인 잠재규모가 있는 시장인데다 세계 최대 모바일 시장으로 성장한 중국은 외식산업에서도 최첨단 기술을 통한 푸드텍(Foodtec)으로 인력난을 해소하고 효율화를 지속 보완하며 수직 성장을 이어가고 있다. 서빙로봇, 쇼핑, 외식업체, 길거리 음식까지도 모바일 결제가 일반화된 중국이 인공지능, 빅데이터, 사물인터넷 등 4차 산업혁명을 바탕으로 외식산업의 발전에 박차를 가하고 있다.

중국이 급성장하게 된 배경과 기술은 핀테크와 푸드테크, OTO, AI, SNS 등 현대의 기술이 외식과 접목되어 급성장하고 있다.

1) 핀테크

핀테크(Fintech)란 금융(Finance)과 기술(Technology)의 융합을 의미하는 신조어로, 모바일, SNS, 빅데이터 등의 첨단 IT기술이 금융산업에 접목되어 새롭게 등장한 산업 및 서비스 분야를 통칭하는 용어이다.

현대사회는 개인마다 대부분 스마트폰을 소유하고 있기 때문에 이를 이용해 언제든지 원하는 시간 및 장소에서 금융 서비스를 활용할 수 있다는 장점이 있으며, 이로 인해 시장영역이 확대되고 있는데 이러한 기술이 외식산업에도 큰 영향을 끼치고 있다.

우리나라에 현재 널리 통용되는 핀테크서비스의 대표적인 예로는 페이팔(Paypal), 알리페이(Alipay), 카카오페이(Kakaopay), 토스(toss) 등이 있다.

이 중 중국 관광객들이 국내에서도 많이 사용하는 서비스는 알리페이(Alipay)이다. 중국 소비자들의 국내방문 증가에 따라 국내 상점들 중 중국 방문객이 많은 상점들은 알리페이의 결제시스템을 갖추고 있다. Alipay(支付宝)는 알리바바(Alibaba Group)가 2004년 2월 중국 항저우에서 설립한 제3자 모바일 및 온라인 결제 플랫폼이다.

알리페이 모바일 주문 및 결제는 중국인 관광객을 위한 서비스로 알리페이(Alipay) 앱에서 식당에 부착된 QR코드를 스캔하면 메뉴 이미지가 중국어로 안내되어 중국인 관광객들도 쉽게 음식을 주문할 수 있다. 식당에서는 중국어 메뉴판을 별도 개발하거나 중국어를 하는 직원을 두지 않고도 즉시 주문을 받을 수 있다. 이렇듯 매장 내 모바일 주문은 중국에서는 이미 보편화된 서비스다.

출처 : 위키피디아

알리페이(Alipay)를 통한 주문과 결제

2) 푸드테크

푸드테크(Foodtech)란 음식(Food)과 기술(Technology)의 융합으로, 식품산업에 바이오기술이나 인공지능(AI) 등의 혁신기술을 접목한 것을 말한다. 외식산업에 있어서는 사람을 대체하는 서비스분야에 푸드테크(Foodtech) 기술이 접목되어 괄목할 만한 성장을 하고 있다.

출처 : 알리바바

중국 Alibaba의 Hema's 레스토랑

중국에서 가장 대중적인 음식 중 하나는 훠궈(火锅)이다. 사천(四川)지방의 전통음식인 훠궈로 유명한 브랜드인 하이디라오(海底捞)는 스마트 레스토랑을 개점하였다. 로봇에 의해 조리되고 로봇에 의해 서빙되는 이 레스토랑은 중국 베이징 등 100여 개 도시에 360여 개의 점포를 운영하고 있으며 미국, 일본, 싱가포르, 한국 등에도 진출해 있다. 연간 매출액은 106억 위안(한화 약 1조 7,000억 원/2017년 기준)이다.

하이디라오의 스마트레스토랑

광저우의 중국 부동산 대기업인 Country Garden Holdings의 자회사인 Qianxi Robotic Catering Group은 2009년 푸돔(Foodom)이라는 로봇레스토랑을 만들었다. 레스토랑에서 로봇은 주문을 받고, 요리하고, 음료를 만들고, 식사를 배달하고, 나중에 청소까지 한다. Foodom의 자동화된 로봇의 종류는 46가지나 된다고 한다. 고급 로봇 기술을 갖춘 레스토랑은 외식업계가 직면한 인력 부족 문제를 완화할 수 있으며, 관리 및 통제는 효율성을 크게 향상시키켜 고용 비용을 더욱 절감할 수 있게 한다.

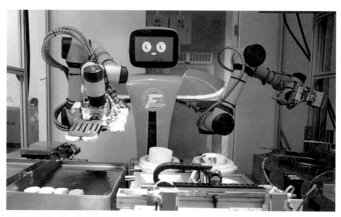

푸돔(foodom)의 조리로봇

3) OTO서비스

OTO(Online to Offline)는 오프라인에서 줄서서 기다리는 불편함을 해소해 주고, 테이블에 앉아 주문과 결제까지 가능하게 하는 등 그 활용범위가 다양하다. 또한 온라인 플랫폼에서 오프라인으로 서비스가 이루어지는 배달 대행 서비스는 그러한 서비스가 복합적으로 구성된 대표적인 사례이다. 중국은 특히 코로나19로 인한 불안감 때문에 많은 사람들이 대형마트나 시장에서 생필품을 구입하기보다 메이퇀와이마이(美团外卖), 바이두와이마이(百度外) 등 모바일 배달 서비스를 이용하고 있으며 코로나19 확산 기간 동안 일부 지역은 주거지역 내 이동이 제한되어 배달 서비스를 통해서만 음식을 구할 수 있게 되면서 음식 배달은 물론이고 생필품 구매 대행까지 서비스가 확대되고 있는 추세이다.

출처 : 메이퇀 홈페이지

중국 최대의 딜리버리 앱 메이퇀의 로고와 슬로건

메이퇀와이마이(美团外卖)는 중국 최대의 딜리버리 앱 메이퇀을 운영하는 회사이며 한국의 배달의민족 같은 배달앱 위치에 있는 대기업이다. 주로 음식관련 플랫폼에서 온라인과 오프라인 식당 및 여행사 등의 사업자와 소비자를 연결하는 서비스를 제공하고 있다.

우리나라도 매년 배달시장의 규모가 커지고 있는 추세이나 전통적인 배달시장 플랫폼에서 시작된 중국의 배달 OTO 서비스는 우리나라보다 발전한 것이 현실이다.

4) SNS와 외식산업

SNS와 외식산업을 연결하는 대표적인 예는 중국의 국민앱인 위챗(WeChat, 微信)이다. 위챗(WeChat)은 중국의 기업 텐센트에서 2011년에 내놓은 모바일 메신저로 중국 내 10억 명 이상의 인구가 사용하고 있다. 위챗(WeChat)은 패스트푸드점의 키오스크(kiosk)를 대체하여 주문 및 메뉴정보 제공, 결제까지 각각의 소비자가 가지고 있는 위챗페이(WeChat pay)를 통해 가능하게 한다.

앞에서 설명한 알리페이와 위챗페이의 사용으로 중국 국민의 70% 이상이 스마트폰으로 결제하는 독보적인 국가가 되었다. 온라인 결제, QR코드의 보편화로 오프라인에서 대부분의 결제가 모바일페이를 통해 이뤄진다.

출처 : 위챗 홈페이지

위챗페이(WeChat pay)

04
외식의 미래 전망

국내 외식산업 전망은 다각도로 분석할 필요가 있다. 사회 · 경제적, 환경적, 정치적 변화와 소비자 트렌드의 변화 등 여러 가지 변수를 고려해야 올바른 전망이 가능하다. 아래는 농림축산식품부와 한국농수산식품공사에서 발표한 2022년 외식 트렌드에 대한 자료이다.

출처 : 미리 보는 2022 외식 트렌드, 농림축산식품부

국내 외식 트렌드의 흐름

1. 국내 트렌드

국내 트렌드의 최근 변화요인들을 살펴보면 다음과 같다.

- 코로나 사태로 인한 외부환경과 소비행태, 라이프 스타일, 근로환경 등의 변화
- 외식업체들은 사회적 거리두기 단계에 따라 1단계에는 10~20%의 매출감소가, 4단계 시에는 50~70% 이상 매출감소가 가장 높게 나타나는 등 거리두기 단계가 격상될수록 매출감소폭이 높게 나타남
- 코로나 사태 이전과 이후의 운영형태별 매출비중의 차이 : 매출평균 16.6% 감소한 배달, 포장, HMR은 각각 31.2%, 13.7%, 3.1% 증가 영업시간 단축, 직원 수 조정(인원 감축, 정직원 감소/PT 증가), 배달 및 포장전문 메뉴, 도시락메뉴, 이커머스 진출 등 다각도의 불황타개 전략 구사
- 다양한 영향요인으로 인해 지속 및 강화 트렌드, 약화 또는 소멸 트렌드, 확대 및 최신 트렌드가 반복되며 하나의 흐름을 형성함

2. 새로운 트렌드의 예측과 전망

농림축산식품부와 한국농수산식품공사에서 조사한 2022년 외식 트렌드의 주요 요인은 다음과 같다.

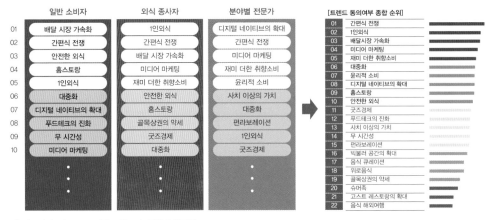

	일반 소비자	외식 종사자	분야별 전문가		[트렌드 동의여부 종합 순위]
01	배달 시장 가속화	1인외식	디지털 네이티브의 확대	01	간편식 전쟁
02	간편식 전쟁	간편식 전쟁	간편식 전쟁	02	1인외식
03	안전한 외식	배달 시장 가속화	미디어 마케팅	03	배달시장 가속화
04	홈스토랑	미디어 마케팅	재미 더한 취향소비	04	미디어 마케팅
05	1인외식	재미 더한 취향소비	윤리적 소비	05	재미 더한 취향소비
06	대중화	안전한 외식	사치 이상의 가치	06	대중화
07	디지털 네이티브의 확대	홈스토랑	대중화	07	윤리적 소비
08	푸드테크의 진화	골목상권의 약세	펀라보레이션	08	디지털 네이티브의 확대
09	무 시간성	굿즈경제	1인외식	09	홈스토랑
10	미디어 마케팅	대중화	굿즈경제	10	안전한 외식
				11	굿즈경제
				12	푸드테크의 진화
				13	사치 이상의 가치
				14	무 시간성
				15	펀라보레이션
				16	빅블러 공간의 확대
				17	음식 큐레이션
				18	위로음식
				19	골목상권의 약세
				20	슈머족
				21	고스트 레스토랑의 확대
				22	음식 해외여행

출처 : 미리 보는 2022 외식 트렌드. 농림축산식품부

외식 트렌드 도출과정

3. 경제적 전망

우리나라뿐 아니라 외국에서도 코로나 사태가 장기화됨에 따라 사회 경제적 전망을 예측하기 힘들 정도로 불확실 요소가 많다.

미국 시카고의 식품산업 제조업체협회인 IFMA(International Foodservice Manufacturers Association)에서는 2021년 8월 3일 2022년 전망에 대해 외식산업은 전년도에 비해 2022년에 4.9% 성장할 것이라 예상하였다. 그럼에도 2019년 대비 80% 수준의 경제회복을 예상하였다.

우리나라의 외식산업 전망에 대한 각종 분석 자료로 경기 전망은 2019년 수준에는 아직 미치지 못하고 있으며 코로나 사태 이전의 성장세를 회복하지 못하고 있는 것으로 보인다. 그럼에도 산업 내 변화를 통해 서서히 회복되고 있으며 환경에 적응하고 특화된 기업들은 높은 성장률을 보이며 특히 배달플랫폼과 같은 외식플랫폼 사업은 외식사업의 큰 축으로 자리 잡아가고 있다.

아래 그림은 한국농수산식품유통공사에서 발표한 외식경기지수이다. 이 내용은 외식산업에 대한 체감지수를 조사하고 전망한 것으로 정량적 측정방법은 아니나 앞으로의 경기에 대한 기대심리를 관찰할 수 있다.

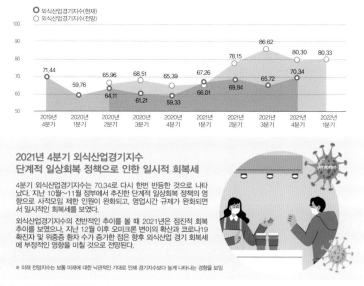

출처 : 한국농수산식품유통공사

외식산업 경기전망지수

위의 그래프에서 실제 외식산업경기지수는 전망지수와 차이를 보인다. 외식사업체는 경기가 회복되리라 전망하지만 실제 시장 상황은 2019년 코로나 사태 전으로의 회복은 아직 어려운 상황이다. 단기적인 예측도 어려운 상황에 미래를 예측하기는 더더욱 어려운 상황이다.

그러나 과거로부터 우리나라의 외식산업 성장배경을 보면 성장을 이끈 큰 축이 있었다. 인간이 삶을 영위하기 위한 필수요소로 식(食)에 대한 사업은 지속될 수밖에 없었다. 과거에도 그랬고 앞으로의 전망에도 외식산업은 새롭고 다양한 형태의 변화와 규모의 변화를 예측할 수 있으며 이에 영향을 주는 큰 축에는 다음과 같은 요소들이 있다.

◉ 외식산업에 변화를 주는 환경변화 요인

- 경제적 측면 : 선진국 진입, 국민소득의 증가, 경제수준의 향상, 세계화
- 사회적 측면 : 대중소비사회 정착, 인구변화, 세대구성의 변화, 세대의 변화, 정보화 사회 발전
- 문화적 측면 : 식생활의 서구화, 건강에 대한 욕구 증대, 삶의 질과 행복 중시
- 기술적 측면 : 주방기기 및 식품산업 관련 기술 발전, 푸드테크

이해하기 쉬운 호텔외식경영
work book

워크북은 책에 나오는 중요한 내용들을 다시 정리해 보는 페이지입니다.

1-1.	관광의 정의 중, 우리나라의 관광의 정의와 세계관광기구의 정의에서의 공통점은 무엇인지 서술하시오.

- 위 그림에서 page는 해당 내용이 있는 페이지입니다.
- 위의 예에서 '1-1.은 part 1(1장)의 1.을 의미하며 part-장-절-하위번호 순으로 참고할 페이지를 명시'하였습니다.
- 학습내용은 해당 페이지에서 답을 찾을 수 있습니다.
- 중요한 내용을 다시 정리하면서 복습해 보시기 바랍니다.

| 4-1 | 4차 산업혁명의 정의를 서술하시오. |

| 4-1 | 산업혁명의 각 단계별 특징을 서술하시오. |

| 4-2 | 푸드테크의 정의를 서술하시오. |

4-3	초연결사회란 무엇인지 서술하시오.

4-3-1)	스마트오더의 사례를 서술하시오.

4-3-2)	배달앱의 사례를 서술하시오.

| 4-3-3) | 키오스크의 정의에 대해 서술하시오. |

| 4-3-4) | 스마트 키친의 정의에 대해 서술하시오. |

| 4-3-6) | 스마트팜이란 무엇인지 서술하시오. |

4-3-7)	국내 대체육 시장의 향후 전망에 대해 서술하시오.

4-3-8)	스마트 패키징(smart packaging)의 개념에 대해 서술하시오.

4-4-3)	외식산업에 변화를 주는 환경변화 요인에 대해 서술하시오.

연습문제

1 다음 중 4차 산업혁명과 관련 없는 것은?

① 인공지능(AI; Artificial Intelligence)

② 사물 인터넷(IoT; Internet of Things)

③ 오거닉푸드(organic food)

④ 모바일(Mobile) 등 첨단 정보통신기술

2 다음 중 18세기 1차 산업혁명의 특징과 관계있는 것은?

① 증기기관의 발명과 기계화

② 전기에너지 기반의 대량생산

③ 포드시스템

④ 컴퓨터시스템

3 다음 중 20세기 3차 산업혁명의 특징과 관계있는 것은?

① 증기기관의 발명과 기계화

② 전기에너지 기반의 대량생산

③ 컴퓨터, 인터넷 기반의 지식정보 혁명

④ 지능정보기술 혁명

4 다음 중 4차 산업혁명에서 가장 중요한 기반이 되는 기술은?

① 키오스크기술　　　　② 온라인 플랫폼기술

③ IT기술　　　　④ OTO

5 외식산업에 있어 인공지능, 사물인터넷, 빅데이터 등의 4차 산업기술을 통해 새로운 기술로 창출된 기술의 이름은 무엇인가?

① 하이테크   ② 푸드테크

③ 핀테크   ④ 재테크

6 우리나라 외식배달 애플리케이션이나 식당을 이용할 수 있는 앱 등을 총칭하는 말은 무엇인가?

① 인터넷서비스   ② 온라인 플랫폼

③ OTA   ④ 푸드테크

7 다음 중 4차 산업혁명과 관련 최근 널리 상용화되고 있는 무인 주문시스템을 무엇이라 하는가?

① 키오스크   ② 온라인 플랫폼

③ OTA   ④ OTO

8 다음 중 4차 산업의 로봇서빙과 관련 없는 항목은?

① 식당에서는 서비스 로봇에 의해 음식을 운반하고 빈 그릇을 치우는 업무를 로봇이 대신해 가고 있다.

② 로봇의 활용은 일자리를 없애는 반대급부가 심하여 정부에서 이를 규제하고 있다.

③ 현재는 단순 운반 수준의 일을 로봇이 수행하나 앞으로 기술 수준이 향상되면 보다 복잡한 업무를 수행하게 되리라 본다.

④ 기계가 업무를 대신하며 상용화하여 24시간 근무하는 바리스타와 같은 바리스타로봇을 두고 사업을 하고 있다.

9   최근 육류 소비로 인한 환경, 건강, 윤리 문제 해결 대안으로 개발된 육류를 대신할 수 있는 대체식품은 무엇인가?

① 대체육   ② 부분육

③ 친환경육   ④ 정육

10 다음 중 외식산업에 변화를 주는 환경변화 요인이 아닌 것은?

① 경제적 측면 : 선진국 진입, 국민소득의 증가, 경제수준의 향상, 세계화

② 사회적 측면 : 대중소비사회 정착, 인구변화, 세대구성의 변화, 세대의 변화, 정보화 사회 발전

③ 문화적 측면 : 식생활의 서구화, 건강에 대한 욕구 증대, 삶의 질과 행복중시

④ 정서적 측면 : 국민정서, 지역갈등 등의 정서적 요인

정답

| 1 | ③ | 2 | ① | 3 | ③ | 4 | ③ | 5 | ② | 6 | ② | 7 | ① | 8 | ② | 9 | ① | 10 | ④ |

참고문헌

법령

- 관광사업체조사 2019, 통계청 정보보고서
- 식품 등의 표시기준(식품의약품안전처고시)(제2013-132호)(20130405)
- 식품안전기본법(법률)(제18362호)(20210727)
- 식품위생법(법률)(제18363호)(20210727)

기타 자료

- 2021년 식품외식산업 주요통계, 통계청
- Foodservice Market Monitor, Deloitte
- IT & Future Strategy 보고서
- 대한민국 정책브리핑 정책위키
- 대한민국 한식당 100년의 역사, 외식산업진흥청
- 미리 보는 2022 외식 트렌드, 식품외식산업 전망대회 발표자료, 농림축산식품부
- 산업중분류별(숙박업) 주요지표(2006-2018), 통계청 기업 활동조사과
- 삼성전자 뉴스룸 CES2021
- 이토시오(土井利雄)(1990), 일본경제신문사
- 한국고용정보원(2016), 2030 미래 직업세계 연구
- 한국농수산식품유통공사

논문

- 김생순(2008), 특1급 호텔 레스토랑 메뉴품질이 재방문에 미치는 영향에 관한 연구, 경희대 석사학위논문

- 김영호(2001), 日本의 外食産業 現況과 外食 性向에 관한 研究, 東亞大學校 東北亞國際大學院 석사학위논문
- 김지희(2002), 외식업체의 서비스표준화에 대한 고객지각에 관한 연구, 세종대 석사학위논문
- 송정수(2015), 한국 식품산업의 발전요인 및 경제적 효과 분석에 관한 연구, 군산대학교 대학원 박사학위논문
- 윤경재(2020), 중국 외식 산업의 분류 : 중국 경제업종 분류표를 바탕으로, 외식경영연구
- 이계임(2006), 한국, 미국, 일본의 외식통계 비교와 시사점, 농촌경제, 제29권 제2호
- Beth Egan(2020), Introduction to Food Production and Service, Pennsylvania State University
- Donald M. Fisk(2003), American Labor in the 20th Century, U.S. BUREAU OF LABOR STATISTICS
- Gronroos, C.(1990), Service Management and Marketing: Managing the Moments of Truth in Service Competition, Lexington Book
- James A. Fitzsimmons, et.al.(2014), Service management, Operations, strategy, and information technology, McGraw-Hill Irwin
- Kotler, P.(1991), Marketing Management: Analysis, Planning Implementation and Control, 7, Englewood Cliffs, NJ: Prentice-HillLevitt, T.(1972), production-Line Approach to Services, Harvard Business Review(Sep.-Oct.): 41-52
- Levitt, T.(1972), Production-Line Approach to Services, Harvard Business Review(Sep.-Oct.): 41-52
- Raymond A., Kraiger, Kurt(2017), "100 years of training and development research: What we know and where we should go", Journal of Applied

Psychology

- Whan Park, et.al.(1986), Strategic Brand Concept Image Management, Journal of marketing

참고사이트

- Foodservice Market Monitor: www2.deloitte.com
- KOTRA 해외시장뉴스: dream.kotra.or.kr/kotranews
- NRA: restaurant.org
- The외식: www.atfis.or.kr
- UNWTO: www.unwto.org
- 게티이미지뱅크: www.gettyimagesbank.com
- 경제뉴스 이코노미스트: www.economist.co.kr
- 관광지식정보시스템: know.tour.go.kr
- 글로벌리포트 93: www.bizongo.com / www.fooddive.com
- 금융감독원: www.fss.or.kr
- 농사로 농업기술 포털: www.nongsaro.go.kr
- 농수산식품유통공사: www.at.or.kr
- 농촌진흥청: http://www.rda.go.kr/
- 데일리한국: www.daily.hankooki.com
- 동아비지니스리뷰: www.dbr.donga.com
- 문화체육관광부: www.mcst.go.kr
- 브랜드파이낸스: brandirectory.com
- 식품외식경제: www.foodbank.co.kr
- 중앙뉴스: http://www.ejanews.co.kr/
- 위키피디아: www.wikipedia.org

- 위키피디아 커먼스: commons.wikimedia.org

- 통계청: kostat.go.kr

- 한국농촌경제연구원: www.krei.re.kr

- 한국외식산업경영연구원: www.kfim.imweb.me

- 호텔매니지먼트닷컴: www.hotelmanagementtips.com

- 호텔앤레스토랑: hoteltrend.tistory.com

저자소개

김진성

경기대학교 관광학 박사
SNIF1. 대표
서정대학교 호텔항공관광과 겸임교수

허　정

경기대학교 관광학 석사
연성대학교 호텔외식경영전공 교수

김진숙

경기대학교 관광학 박사
연성대학교 호텔외식경영전공 교수

김명희

경기대학교 관광학 석사
연성대학교 호텔외식경영전공 교수

이준열

경희대학교 조리외식경영학 박사
서정대학교 호텔외식조리과 교수

조원영

경기대학교 외식경영학 박사
유한대학교 호텔외식조리학과 교수

저자와의
합의하에
인지첩부
생략

이해하기 쉬운 호텔외식경영

2022년 3월 10일 초판 1쇄 발행
2023년 9월 5일 초판 2쇄 발행

지은이 김진성·허정·김진숙·김명희·이준열·조원영
펴낸이 진욱상
펴낸곳 (주)백산출판사
교 정 편집부
본문디자인 장진희
표지디자인 오정은

등 록 2017년 5월 29일 제406-2017-000058호
주 소 경기도 파주시 회동길 370(백산빌딩 3층)
전 화 02-914-1621(代)
팩 스 031-955-9911
이메일 edit@ibaeksan.kr
홈페이지 www.ibaeksan.kr

ISBN 979-11-6567-458-8 93980
값 27,000원